深入浅出 5G 技术系列

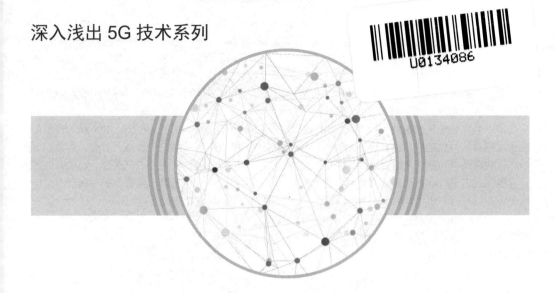

U0134086

深入浅出 SPN 技术

欧阳帆　胡永健　李禧律◎编著

电子工业出版社·

Publishing House of Electronics Industry

北京 · BEIJING

内 容 简 介

　　SPN（Slicing Packet Network，切片分组网）是中国移动联合华为面向 5G 承载提出的创新技术体系。作为由中国提出和设计的原创性技术，SPN 已成功在 ITU-T 完成标准体系立项和核心标准发布，确立了中国在 5G 承载技术方面的国际领先地位，为我国 5G 承载和应用打下坚实的技术基础，斩获业界多个奖项。

　　本书面向传输从业者及入门者，以移动通信技术和承载网技术的演进历史引出 SPN 技术体系的诞生过程及相关优越性，进而展开介绍 SPN 体系架构和关键技术，涵盖 SDN 集中管控、高效以太组网、软硬网络切片、高精度时间/时钟同步功能，以应对 5G 发展下大带宽、低时延、高效率的综合业务承载需求。本书从需求与愿景、理念与架构、关键技术、应用场景、部署维护与展望多个维度进行阐述，旨在引领读者入门 SPN 技术，进而深入了解和掌握 SPN 技术。

图书在版编目（CIP）数据

深入浅出 SPN 技术 / 欧阳帆，胡永健，李禧律编著. —北京：电子工业出版社，2022.8
（深入浅出 5G 技术系列）

ISBN 978-7-121-44077-9

Ⅰ. ①深… Ⅱ. ①欧… ②胡… ③李… Ⅲ. ①第五代移动通信系统 Ⅳ. ①TN929.538

中国版本图书馆 CIP 数据核字（2022）第 135842 号

责任编辑：刘志红（lzhmails@phei.com.cn）　　　　特约编辑：王　纲
印　　刷：三河市华成印务有限公司
装　　订：三河市华成印务有限公司
出版发行：电子工业出版社
　　　　　北京市海淀区万寿路 173 信箱　邮编　100036
开　　本：720×1 000　1/16　印张：14.25　字数：319.2 千字
版　　次：2022 年 8 月第 1 版
印　　次：2022 年 8 月第 1 次印刷
定　　价：118.00 元

编　委　会

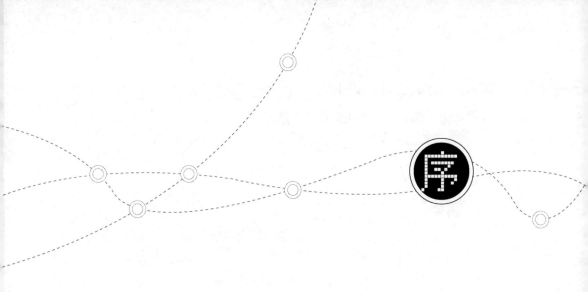

　　承载网技术与其承载的业务之间呈现一种互相促进、互相成就的关系，就像 SDH 与 1G/2G、PTN/IP RAN 与 3G/4G 一样。如今，5G 的"未来"已来，5G 的应用在极大地促进经济社会发展的同时，也带来了大带宽、低时延、高效率的综合业务承载需求。这必将推动承载网技术的又一次创新变革。

　　SPN 正是适应 5G 需求的新一代承载网技术体系。它基于原生以太网内核和 SDN 管控一体架构，实现 L0 ~ L3 多层网络技术的有机融合。SPN 通过 G.MTN 切片、可管可控业务连接、随流检测等多项技术创新，旨在打造无损、高效的综合承载网。作为由中国提出和设计的原创性技术，SPN 已成功在 ITU-T 完成标准体系立项和核心标准发布，确立了我国在 5G 承载技术方面的国际领先地位，为我国 5G 承载和应用打下了坚实的技术基础。

　　作为行业领导者，华为一直致力于 SPN 产品的研发和商用。一方面，对规模部署的现有 PTN 产品进行改造升级；另一方面，积极研发全新的 SPN 融合产品，不断满足差异化的 5G 承载网络部署需求。目前，全新的 SPN 解决方案具备确定性、安全隔离、灵活接入、自动驾驶、安全可信五大优势，支撑打造新接入、新专网、新体验的精品切片网络，实现云网和固移双融合。

本书较为完整地呈现了 SPN 的全貌，涵盖了 SPN 的产生背景、体系架构、关键技术、部署运维、典型应用和未来展望，期望帮助从业者和广大读者朋友更好地理解 SPN，助力 SPN 技术的推广和发展。

杜志强

华为数据通信产品线城域路由器产品部部长

2022 年 7 月

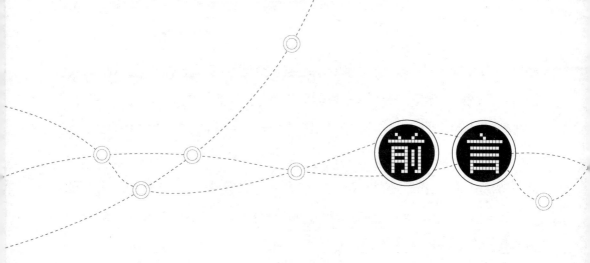

前言

当前，世界正经历百年未有之大变局，经济社会环境发生了复杂深刻的变化，信息通信业也面临新的形势、新的变化。经过多年的孕育发展，第四次工业革命正处在重大突破的关口，新型冠状病毒肺炎疫情加速了全社会数字化、网络化、智能化的进程，数智化时代的大幕全面开启。通过对劳动、资本、数据、技术等生产要素的有机组合，实现传统要素价值的放大、叠加、倍增，驱动经济社会进入新一轮增长的大周期。预计 2020—2035 年，5G 将拉动全球 GDP 增长率提升 7.4%，创造经济总产出 13.1 万亿美元。5G 将为经济的新一轮增长注入强劲的内生动力，促进"新业态"的繁荣，拓展面向数字生活、生产、治理的信息服务新业态、新模式，打造经济社会民生数智化转型升级的创新引擎。

全球 5G 商用网络正在加速推进，整个产业链也日趋完善。SPN（Slicing Packet Network，切片分组网）是中国移动联合华为等设备厂商面向 5G 承载提出的创新技术体系，是以以太网内核为基础的新一代融合承载网络架构，已逐步成为新一代传输网国际标准。目前市场上与 5G 相关的图书主要集中在标准和应用场景上，系统阐述 5G 传输网的书较少，远不能满足广大移动通信行业从业者和相关爱好者的需求。

本书主要面向通信从业者及入门者，深入浅出地介绍 SPN 体系架构和关键技术，涵盖 SDN 集中管控、高效以太组网、软硬网络切片、高精度时间/时钟同步功能，以应对 5G 发展下大带宽、低时延、高效率的综合业务承载需求。本书从需求与愿景、理念与架构、关键技术、应用场景、部署维护与未来展望多个维度进行阐述，旨在引领读者掌握 SPN 技术。下一代传输网以 5G 承载为核心，兼顾家客、集客业务综合承载，SPN 是打造未来统一高效综合业务传输网的优选方案。本书内容分为以下四部分。

第一部分（第 1 章）：重点介绍传输网的发展代际，揭示 SPN 是打造未来统一高效综合业务传输网的优选方案。

第二部分（第 2 章至第 6 章）：介绍 SPN 网络架构及关键技术，全面展示 SPN 如何简捷、高效地支持现有业务。

第三部分（第 7 章至第 9 章）：介绍 SPN 解决方案业务规划和设计、部署和运维，为从业者提供技术指导，为入门者引路。

第四部分（第 10 章、第 11 章）：总结 SPN 产业发展情况，展望 5G+生态下 SPN 技术的发展趋势。

本书由华为技术有限公司和中国移动通信集团湖北有限公司的技术团队合作完成。整体框架由欧阳帆、胡永健、李禧律策划。第 1 章由李禧律、周显刚等编写，第 2、3、4、5、6 章由欧阳帆、李禧律、骆兰军、胡永健等编写，第 7、8、9 章由欧阳帆、胡永健、张燕、袁来贵等编写，第 10、11 章由王颖、周显刚、王延军等编写。全书由翁奇、黄石庚、刘凯、文仕学负责技术审校。

通信技术发展一日千里，通信网络演进千变万化，5G 应用日新月异，作者尝试基于自身经验管窥网络全貌，难免有所疏漏和不足，恳请广大读者批评指正。

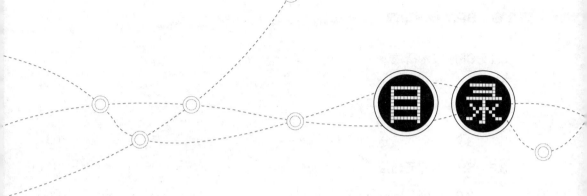

第 1 章

SPN 诞生背景

SPN（Slicing Packet Network，切片分组网）是中国移动联合华为面向 5G 承载提出的创新技术体系。SPN 采用创新 MTN（Metro Transport Network，城域传输网络）技术和面向传送的分段路由（SR-TP，Segment Routing Transport Profile）技术实现基于以太网的多层技术融合。SPN 旨在满足 5G 时代承载网大带宽、低时延、高可靠、高精度同步、易于运维、管控灵活、支持切片的需求。同时，SPN 兼容以太网生态链，具有低成本、易部署等特点。这些技术优势和部署经验为 SPN 在 5G 承载网中的广泛应用打下了坚实基础。目前 SPN 已经完成批量商用，并在电力、医疗、港口和教育等多个行业实施部署，逐渐成为 5G 承载网的主流技术。

本章首先简单回顾移动通信技术和承载网技术的演进历史，然后重点介绍 SPN 技术体系的诞生过程及特点。

1.1 移动通信技术发展历程

1.2 承载网技术发展历程

1.3 SPN 技术发展和成熟

1.1 移动通信技术发展历程

移动通信技术诞生于 20 世纪 80 年代，经过 40 年左右的蓬勃发展，移动通信技术实现了从第一代模拟通信系统（1G，"G"即 Generation，就是"代"的意思）到万物互联的第五代移动通信系统（5G）的飞跃。图 1-1 概括了中国的移动通信发展史。

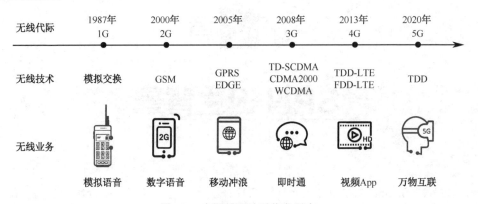

图 1-1　中国的移动通信发展史

无论是 1G 还是 5G，都属于移动通信技术发展的一个阶段。从 1G 到 5G，它们在传输速率、采用的移动通信技术、传输质量和业务类型等方面存在较大差别，各自遵循不同的通信协议。移动通信网络也在持续经历设备不断升级、技术不断更迭和标准不断演进的过程。

当前，我国移动通信基站总数已超过 841 万个，约为美国基站总数的 20 倍，人均基站数已远超美国等发达国家。移动通信技术已被应用到现代社会的各行各业，正逐渐改变人类的生活方式，深刻影响着各行业的发展。

1G 时代：只能进行语音传输

1G 主要采用模拟通信和频分多址（Frequency Division Multiple Access，FDMA）接入技术。1G 采用模拟技术传输，仅支持模拟语音业务，且存在容量有限、保密性差、通话质量不高、不支持漫游、不支持数据业务等缺点。1G 时代像砖头一样的手持终端——手提电话（俗称"大哥大"），已成为很多人的回忆，如图 1-2 所示。

尽管 1G 存在许多的不足和问题，但它的出现是人类通信史上的一个里程碑，宣告了人类移动通信史的开始，也为之后第二代移动通信系统（2G）的发展奠定了基础。

图 1-2　手提电话通信

2G 时代：手机能上网了

与 1G 相比，2G 采用的是数字的时分多址（Time Division Multiple Access，TDMA）和码分多址（Code Division Multiple Access，CDMA）通信技术，实现了数字传送和交换。2G 克服了模拟移动通信系统的弱点，话音质量和保密性能得到了很大的提升，并可进行省内、省际自动漫游。同时，2G 引入了新服务和高级应用，如用于文本信息的存储和转发短消息。

2G 的演进被称为 2.5G，2.5G 在语音和数据电路交换的基础上，引入了数据分组交换的业务。从这一代开始，手机也可以上网了，不过人们只能浏览一些文本信息。

3G 时代：随时随地无线上网

随着人们对移动网络应用的需求不断提升，2G 通信的问题逐渐暴露出来，例如，图片大一点就显示不出来，更不用说视频了。由此产生了新一代移动通信技术，这就是基于新的标准体系的第三代移动通信（3G）。

自 3G 开始，移动通信进入高速 IP 数据网络时代。3G 采用了 CDMA 技术，与

TDMA 相比，CDMA 具有容量大、覆盖好、话音质量好、辐射小等优点。全球主流的 3G 标准主要有 3 个：CDMA2000（Code Division Multiple Access 2000，码分多址2000）、WCDMA（Wideband Code Division Multiple Access，宽带码分多址）、TD-SCDMA（Time Division-Synchronous Code Division Multiple Access，时分同步码分多址）。其中，WCDMA 是应用范围最广的网络制式，基本达到价格低、业务丰富、可全球漫游等要求。

3G 将业务范围扩展到图像传输、视频流传输及互联网浏览等移动互联网业务。3G 的演进（3.5G）进一步提升了数据传输速率，下行速率提高到 14.6Mbit/s，上行速率提高到 5.76Mbit/s。从此，互联网技术得以广泛应用，移动高速上网成为现实，音频、视频和多媒体文件等各种数据都可以通过移动互联网高速稳定地传输。

4G 时代：比拨号上网快 2000 倍

人们对于网速的追求是无止境的。为了实现更好的业务体验，第四代移动通信技术（4G）很快出现了。

4G 采用 LTE（Long Term Evolution，长期演进）技术，该技术包括 TDD（Time Division Duplexing，时分双工）和 FDD（Frequency Division Duplexing，频分双工）两种制式。从名字也可以看出，TDD 和 FDD 这两种制式最主要的差异就是双工方式不同。TDD 的信号发射和接收是在同一频率信道的不同时隙中进行的，简单地说，就是"单行道"上跑双向"车流"，只能通过时间来控制交通，一会让下载的流量通过，一会又让上传的流量通过。FDD 采用两个对称频段接收和发送数据，有着较高的频谱利用率，通俗地讲，FDD 就是"双向车道"，一个管下载，一个管上传，互不干扰。在应用过程中，这两种制式也各有侧重，FDD 主要用于大范围覆盖，TDD 主要用于数据业务，也是中国移动采取的主流方式。TDD-LTE 和 FDD-LTE 如图 1-3 所示。

4G 时代实现了系统容量的大幅提升，也为终端用户带来了更高的数据传输速率，静态传输速率可达 1Gbit/s，高速移动状态下理论传输速率可达 100Mbit/s，比拨号上网快 2000 倍，极大地满足了宽带移动通信业务的应用需求。4G 时代涌现出多种多样的新型业务和琳琅满目的终端设备，持续刺激并培养着人们的数据消费习惯。

图 1-3　TDD-LTE 和 FDD-LTE

5G 时代：万物互联

如果说前四代移动通信技术的发展解决了"人与人之间的沟通和连接"，那么第五代移动通信技术（5G）的出现就是为了解决"人与人、人与物、物与物之间的沟通和连接"，即万物互联，如图 1-4 所示。

5G 带来的机遇是巨大的。当前，5G 网络理论峰值传输速率可达数十吉比特每秒（Gbit/s），比 4G 网络的传输速率高数百倍，可在 1 秒之内下载完整部超高画质电影。在车联网、智慧城市、智能家居等众多领域，5G 技术极大地提升了用户体验。从现有的 5G 标准、产品和应用案例等都可以看出，5G 行业正在高速发展，未来前景可期。

5G 网络是 4G 网络的颠覆性升级版。5G 支持的设备远远不止智能手机和平板电脑，还包括个人智能通信工具、可穿戴设备（如智能手表、健身腕带、智能家庭设备）等。随着移动数据流量的增长、海量设备的连接、各类新业务和应用场景的不断涌现，5G 将与不同行业深度融合，满足各种垂直行业终端互联的多样化需求，创造"万物互联"的智能世界。5G 在带来革命性业务体验、新型商业应用模式的同时，对承载网提出了多样化的全新需求。

图 1-4　5G，万物互联

1.2　承载网技术发展历程

什么是承载网？顾名思义，承载网就是专门负责承载数据传输的网络，当基站完成和手机的连接之后，还要打通基站和中心机房之间的连接，这靠的就是承载网。没有它，网络的不同设备之间就无法进行数据通信，它就像人体中连接大脑和四肢的神经网络，负责传递信息和指令。如果把信息比作货物，承载网就好比一张物流网，依靠承载网实现设备间的信息交互，也就是说，人们打电话、发短信、在互联网上交流、看 IP 电视等，都是基于这张庞大而又复杂的承载网实现的。承载网的位置如图 1-5 所示。

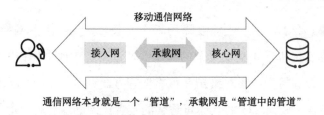

图 1-5 承载网的位置

承载网技术路线演进

1.1 节介绍了移动通信技术发展历程,那么,数据是怎么实现移动传输的呢?在万物互联时代,5G 网络是如何满足业务演进的呢?下面介绍承载网的整体架构和发展历程。

第一阶段:SDH 是 2G 时代的王者,逐步向 IP 化演进

20 世纪 80 年代到 90 年代的网络,主要是语音通话网络,使用的通信体系主要是 PDH(Plesiochronous Digital Hierarchy,准同步数字系列)和 SDH(Synchronous Digital Hierarchy,同步数字系列),设备与设备之间通信不是用网线或光纤,而是用中继线缆(E1 线),IP 还没有流行,从严格意义上来说,这时候还不能称之为承载网。PDH 技术是由国际电话电报咨询委员会(CCITT,现国际电信联盟电信标准化部门,即 ITU-T)于 1972 年提出的,1988 年最终形成完整体系,主要兴盛于 20 世纪 80 年代至 90 年代初,至今已在光纤通信领域中使用了 20 多年。由于结构复杂,缺乏灵活性,PDH 设备现在只应用于带宽需求小于 34M 的两点之间的通信。

SDH 是一种将复接、线路传输及交换功能融为一体,并由统一网管系统操作的综合信息传送网络,是美国贝尔通信技术研究所提出来的同步光网络(SONET),它规范了数字信号的帧结构、复用方式、传输速率等级、接口码型等特性,克服了 PDH 不利于大容量传输的缺点。它可以实现网络有效管理、实时业务监控、动态网络维护等多项功能,能大大提高网络资源利用率,降低管理及维护费用,实现灵活可靠和高效的网络运行与维护。

SDH 针对语音设计,通道划分的带宽是固定的,可以称之为硬管道或专用车道(Virtual Container,VC),零拥塞,具备服务质量(QoS)保证能力;支持全网时钟

同步；采用环网架构，可在任意故障场景下支持 50 ms 保护倒换（电信级可靠性）；实现和运营简单，不需要复杂的协议（通过网管实现全网控制）。SDH 设备出现后，由于在接口管理、运行维护和可靠性等方面克服了 PDH 设备的缺点，因此取代了 PDH 设备，成为 2G 时代无可替代的王者。硬管道和软管道的区别如图 1-6 所示。

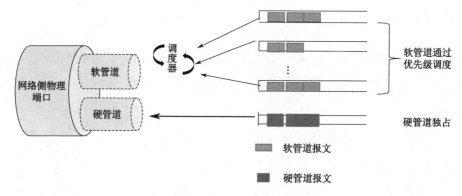

图 1-6　硬管道和软管道的区别

SDH 技术最初是针对语音业务（即固定带宽业务）设计的，它的带宽太死板，不灵活，利用率低，而且对外提供的接口很少，非常不适合宽带业务和数据业务。随着 SDH 传输的日益普及，以及电信网上数据业务所占的比例越来越高，各种各样的接入业务都需要由 SDH 承载，因此逐渐发展出了 MSTP（Multi-Service Transmission Platform，多业务传输平台）技术，在 SDH 上增加以太网接口或 ATM 接口，实现 IP 化接口，仍然是硬管道，即 IP over SDH。

MSTP=SDH+以太网（二层交换）+ATM（传信令），MSTP 的核心仍然是 SDH，在 SDH 的基础上进行了改进，增加了对以太网信号的处理。MSTP 通过 ASON（Automatically Switched Optical Network，自动交换光网络）实现了业务传送路径的自动发现、重路由保护等，引入了动态机制，进一步提升了 SDH 网络的可靠性。

MSTP 具有电路交换的核心，给指定用户分配的带宽固定，即使该用户无业务流量，仍然固定占用该带宽，不能和其他业务共享，不能统计复用，设备交换带宽利用效率较低，不能适应数据业务高速增长及高突发的带宽需求；MSTP 提供的是

VC（Virtual Channel，虚拟信道）硬管道，带宽固定分配，可满足传统语音通信业务要求，在 3G 初期广泛应用。硬管道如图 1-7 所示。

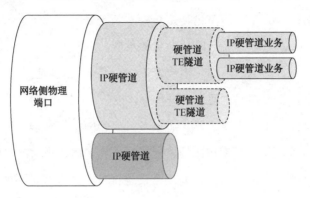

图 1-7　硬管道

第二阶段：PTN 和 IPRAN 并存

随着数据业务的迅猛发展，以及网络 All IP 化需求的出现，功能更为强大的支撑数据业务的新技术开始出现并得以应用，IP 和多媒体业务迅速走红，各种新兴的数据业务应用对带宽的需求不断增长，同时对带宽调度的灵活性提出了越来越高的要求，传统的基于 SDH 的多业务传输网已难以适应数据业务的突发性和灵活性，而传统的面向连接的 IP 网络，由于其难以严格保证重要业务的质量和性能，因此不适用于电信级承载。因此，新一代传输技术应运而生，强调分组管理数据传输，从支持语音为主变成支持数据和多媒体为主，逐渐进入了 IP 承载时代。在这个技术发展过程中，主要有两种技术路线：PTN（Packet Transport Network，分组传送网）和 IPRAN（IP Radio Access Network，IP 化无线接入网）。

● PTN：以 ATM 和以太网技术为基础，IP/MPLS、以太网和传送网 3 种技术相结合的产物，保留了这 3 种技术的优势。传统的 IP 路由技术是不可管理、不可控制的。IP 逐级转发，每经过一个路由器都要进行路由查询（可能需要多次查找），速度缓慢，这种转发机制不适合大型网络。因此，PTN 技术吸取了 SDH 的优点，对 MPLS 进行了简化，去掉了不需要的东西（如复杂的握手协议等），在通道经过的每台设备处，只需要进行快速的标签交换（一次查找），从而节约了处理时间。

从传输单元上看，PTN 传送的最小单元是 IP 报文，PTN 与 MSTP 最关键的差异是包交换。PTN 在封装层引入 PWE3，将多种不同技术，如 ATM、FR、PDH、MLPPP 等在包交换网络中统一适配、统一承载，既能更好地承载 TDM 业务，又能满足 IP 化业务的承载。

- IPRAN：是针对无线网络传输技术 IP 化而设计的，是基于 IP/MPLS 的网络解决方案，主要由路由协议来进行整体控制。IPRAN 提供完全动态和开放的解决方案，在很大程度上满足了很多客户和网络的需求。然而，由于信令和路由的引入，复杂程度相比静态配置高了许多倍；组大网时需要分层分域，导致方案复杂；故障定位需要逐个设备排查，效率低，不如 PTN 整体网管进行统一管控和运维简捷，且组网规模容易受到路由域限制，在网元持续增长的情况下，可能需要重新设计方案。

从整体上看，PTN 和 IPRAN 的应用场景、运维手段和客户体验都不一样，两种技术都曾是综合业务承载的主流技术。

第三阶段：5G 万物互联时代对网络提出了新的要求，SPN 由此诞生

面向未来，移动互联网和物联网业务将成为移动通信发展的主要驱动力，5G 将满足人们在居住、工作、休闲和交通等领域的多样化业务需求，即便在密集住宅区、办公室、体育场、露天集会、地铁、快速路、高铁和广域覆盖等具有超高流量密度、超高连接数密度、超高移动性特征的场景下，也可以为用户提供超高清视频、虚拟现实、增强现实、云桌面、在线游戏等极致业务体验。与此同时，5G 还将渗透到物联网及各种行业领域，与工业设施、医疗仪器、交通工具等深度融合，有效满足工业、医疗、交通等垂直行业的多样化业务需求，实现真正的"万物互联"。5G 技术的应用，将带来更加丰富的沟通方式和更加真实的体验，将从多个层面提升人们的生活质量。与以往的移动通信系统相比，5G 面临更加多样化的场景和极致的性能挑战。

基于未来移动互联网和物联网的主要场景和业务需求特征，ITU 明确为 5G 定义了增强移动宽带（enhanced Mobile Broadband，eMBB）、大规模机器通信（massive Machine Type Communication，mMTC）、超高可靠性低时延通信（ultra-Reliable and

Low Latency Communication，uRLLC）三大应用场景，如图 1-8 所示。

- **eMBB**：作为移动通信最基本的方式，包括连续广域和局部热点高容量覆盖，满足移动性、连续性、高速率和高密度的带宽需求。例如，随时随地高清视频直播和分享、虚拟现实、随时随地云存取、高速移动上网（高铁）、人工智能等。

- **mMTC**：面向环境监测、智能抄表、智能农业等以传感和数据采集为目标的应用场景，具有小数据包、低功耗、低成本、海量连接等特点，要求支持每平方千米百万连接数密度。

- **uRLLC**：面向车联网、工业控制、智能制造、智能交通物流及垂直行业的特殊应用需求，为用户提供毫秒级的端到端时延和接近 100%的业务可靠性保证。

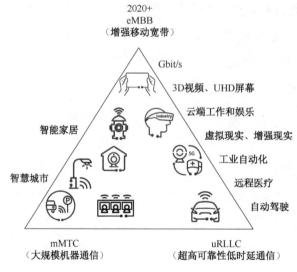

图 1-8　5G 三大应用场景

"5G 商用，承载先行"已经成为业内的一句口头禅。想要达到要求，只靠无线空中接口部分改进是办不到的，包括承载网在内的整个端到端网络架构，都必须进行自我革新。那么，承载网面临哪些需求和挑战呢？总的来看，可以归纳为以下几方面。

- **大带宽**：eMBB 是 5G 最先实现规模商用的业务，受新型冠状病毒肺炎疫情的影响，远程办公、高清视频、VR 教学等新兴业务对带宽的要求显著增大。无线侧通过增大频谱宽度、提升频谱效率、改进编码技术等手段，使峰值带宽和用户体验带宽提升了数十倍，核心网引入了云化架构实现无限扩展，承载网也需要通过引入新型高速以太网端口来提升容量。因此，承载网需要高性价比的带宽方案，确保在满足带宽需求的同时不会带来建网成本的大幅增长。当前和基站侧主要以 25GE 对接，接入层以 50GE/100GE 组环，核心汇聚主推 100GE/200GE 组环，随着业务的不断发展，还会向 400GE 组环持续演进。

- **低时延、高可靠**：uRLLC 是一种超高可靠性低时延业务，如自动驾驶、远程控制等，都对 5G 系统提出了毫秒级时延要求，以港口的龙门吊业务为例，必须在 18 毫秒内完成三次握手，只要连续丢掉两次就会带来灾难性后果。无线侧通过灵活的帧结构进一步降低时延，核心网通过下沉 MEC（Mobile Edge Computing，移动边缘计算）解决传输距离带来的时延问题，承载网也需要通过优化设备的转发模型及队列调度模型，使单设备轻载时延降低到微秒级。同时，承载网必须能够提供灵活的连接，以满足无线侧、核心网云化之后带来的网格化、不确定的连接。

- **高精度时钟同步**：5G 对承载网的频率同步和时间同步能力提出了很高的要求，例如，5G 的载波聚合、多点协同和超短帧，需要很高的时间同步精度；5G 的基本业务采用 TDD 制式，需要精确的时间同步；室内定位增值服务等，也需要精确的时间同步。当前只有 GPS+1588 的时钟同步方案，已经不能满足 5G 业务需求，因此需要具备带内同步传输能力，实现高可靠、高精度、高效率的时钟和时间同步传输能力。

- **智能运维**：使能千行百业，5G 承载网将会无比巨大，设备数量众多，网络架构复杂。如果网络不能够做到灵活、智能、高效、开放，那对于运营商和运维工作人员来说就是一场噩梦。当前网络管理复杂，传统网络控制平面和数据平面深度耦合，在部署一个全局业务策略时，需要逐一配置每台设备，严重制约网络的演进发展。随着 5G 时代网络规模的扩大和新业务的引入，这种模式已经不适应网络发展的需求。因此，承载网需要基于集中管控网络架构，使能网络 IT 化和自动化转型，提供网络的敏捷化和开放性能力；通过云化技术实现网络优化，提高资源利用率，降低网络建设和运维成本，实现快速、灵活适应互联网应用及催生新型网络业务。

● **切片能力**：5G 时代，eMBB、uRLLC、mMTC 等业务对网络的要求差异巨大，网络需要端到端的切片来保障业务的差异化承载。5G 时代，一张网络承载千万行业，很多新行业也需要通过网络切片来进行隔离，从而减少新业务上线时对整个网络的影响，降低试错成本。对承载网而言，网络切片在转发层需要实现不同切片的流量的严格隔离，在控制层需要实现不同路由协议、VPN 协议等的隔离，在管理层需要实现不同切片独立运维视图及切片的灵活建立、调整、删除。5G 端到端基于资源预留的硬切片技术，在满足业务隔离的同时实现超低时延、稳定抖动，满足 5G 2B 业务的诉求。

● **灵活连接**：4G 时代，业务主要呈现基站和 EPC 之间的点到点南北流向；5G 时代，新业务驱动核心网云化，MEC 下沉降低时延，业务流向由南北流向转为东西与南北混合流向，呈现 Mesh 化。将三层推到边缘节点，能有效解决流量绕行的问题，实现就近转发，同时实现数据不出园区，以及灵活转发。5G 承载网需要实现端到端三层调度能力，实现基站和云间互联业务灵活连接。

基于以上六大要求，原有的 PTN 难以适应 5G 业务的承载需求，SPN 应运而生。承载网技术发展历程如图 1-9 所示。

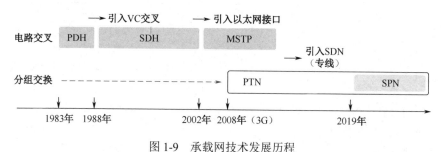

图 1-9　承载网技术发展历程

1.3 SPN 技术发展和成熟

SPN 基于以太网传输架构，继承了 PTN 传输方案的功能特性，并在此基础上进行了增强和创新，如表 1-1 所示。它本质上是在以太网物理层中增加一个轻量化的 TDM 层，这样在当前分组技术不改变的情况下，分组设备也能获得网络切片之间硬隔离与确定性低时延转发的能力。

表 1-1　SPN 相对于 PTN 的创新

网络分层	主要功能	PTN	SPN	创新点
L2 和 L3 分组转发层	网络连接、OAM、保护、统计复用和 QoS 保障能力	MPLS-TP（Multi- Protocol Label Switching Transport Profile，面向传送的隧道技术）	SR-TP 和 SR-BE（Segment Routing-Best Effort，尽力而为的分段路由）	SPN 引入 SR-TP 实现可管可控的 L3 隧道，构建端到端 L3 部署业务模型，并引入集中管控 L3 控制平面。与此同时，SPN 通过管控融合 SDN（Software Defined Network，软件定义网络）平台，实现对网元物理资源（如转发、计算、存储等资源）进行逻辑抽象和虚拟化，形成虚拟资源，并按需组织形成虚拟网络，呈现一个物理网络、多种组网架构的网络形态，为用户提供一个开放、灵活、高效的网络操作系统
L1 TDM 通道层	TDM 通道隔离、调度、复用、OAM 和保护功能	TDM 通道	切片以太网通道	服务于网络切片所需的硬管道隔离，提供低时延保证。在 SPN 技术体系中为切片通道层
L1 数据链路层	提供 L1 通道到光层的适配	以太网	以太网和 FlexE（Flexible Ethernet，灵活以太网）	SPN 引入 FlexE 接口，在以太网技术的基础上实现了业务速率和物理通道速率的解耦，物理接口速率不必再等于客户业务速率，可以是其他速率
L0 光传输层	物理层，提供光接口或者多波长传输、调度和组网	灰光或者 DWDM 彩光	灰光或者 DWDM 彩光	SPN 引入以太网灰光 PAM4（Four-level Pulse Amplitude Modulation，4 级脉冲幅度调制）技术，并结合 WDM 技术实现城域和本地网络传输成本优化

　　由于支持分组与 TDM 的融合、支持低时延和网络切片、兼容以太网生态链、具备成本大幅优化空间，SPN 一经提出便受到国内外产业界的广泛关注和支持。SPN 技术发展历程如图 1-10 所示。在中国移动、华为等厂商的推动与影响下，ITU-T SG15 采纳了 SPN 技术理念和技术架构，在 2018 年 10 月召开的全会上，ITU-T 正式立项 G.mtn 项目，标志着切片以太网技术在 SPN 的孕育下逐渐成熟，切片以太网的核心理念与技术架构被国际标准组织采纳和接受。

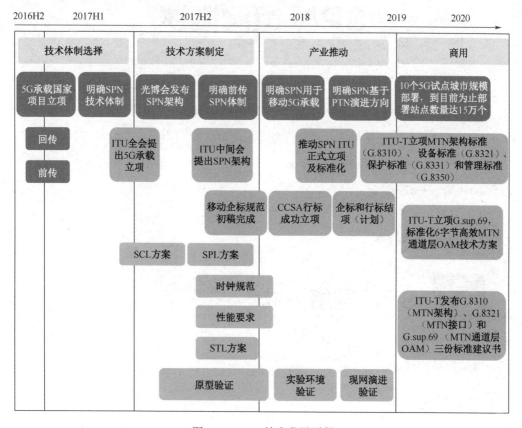

图 1-10　SPN 技术发展历程

第 2 章

SPN 组网概述

SPN 是基于多层融合的新一代端到端传送网，具备业务调度灵活、高可靠性、低时延、高精度时钟、易运维、严格 QoS 保障等优点。本章主要介绍 SPN 网络构成、物理网络结构及具体的网络设备。

2.1　SPN 网络构成

2.2　SPN 物理网络结构

2.3　SPN 网络设备

2.1　SPN 网络构成

SPN 网络构成如图 2-1 所示，包括物理平面和管控平面。

物理平面

物理平面实现无线、核心网、企业等领域部件和 SPN 设备的对接，完成相应业务承载。

- 无线：5G 宏站部署在接入机房，直连 SPN 接入设备；CRAN（Cloud RAN，云无线接入网）场景 BBU（Baseband Unit，基带单元）集中部署在综合接入机房，直连 SPN 接入或普通汇聚设备，BBU 和 RRU（Remote Radio

Unit，射频拉远单元）之间通过光纤直连或无源、半有源波分承载。

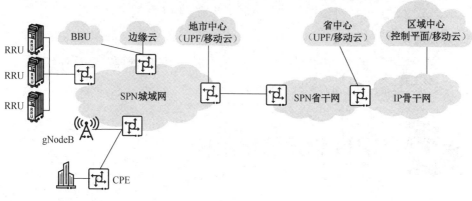

图 2-1　SPN 网络构成

- 核心网：云化部署，控制平面集中在区域中心，省、地市及边缘按需部署用户平面功能（User Plane Function，UPF）。

- 移动云：移动云部署在区域中心、省中心和地市中心节点，按需下沉部署到边缘节点。

- 企业：直连或经 CPE（Customer Premises Equipment，客户终端设备）连接 SPN 接入设备，通过 SPN 网络互通或访问公有云。

- SPN 物理网络：覆盖从城域边缘到省中心的无线、核心网、企业各接入位置。

管控平面

管控平面包括管控域、O（OSS，Operation Support System，运营支撑系统）域、B（BSS，Business Support System，业务支撑系统）域，用于网络的管理、维护、运营和监控。

管控域：SPN 网络的管理和控制器采用统一平台实现，主要功能如下。

- 域控制器：完成单域内设备管理、业务发放和故障运维，通常分为城域、省干、骨干部分。
- 跨域控制器：对接域控制器，完成跨域、跨厂家业务的管理、发放和运维。

O 域：主要是面向资源（网络、设备）的后台支撑系统，包括以下部分。

- 业务编排系统：完成业务编排、切片编排，是业务流程的核心。
- 资管系统：管理网络资源、空间资源、哑资源等。
- 综调系统：接收外线施工的工单，是现场工作人员的调度中心。
- 监控系统：对网络告警、性能进行监控。

B 域：主要用于对电信业务、电信资费、电信营销的管理，以及对客户的管理和服务，包含界面（Portal）和运营系统。

2.2 SPN 物理网络结构

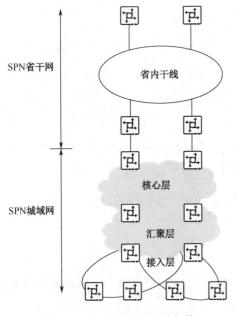

SPN 物理网络包括省干网、城域网，总体架构如 2-2 所示。省干网采用单层结构，用于地市间业务互通；城域网分为核心层、汇聚层和接入层，用于将用户和企业的网络与广域网相连，位于骨干网和接入网的交汇处。

2.2.1 省干网

网络节点角色

省干网包含如下网络节点角色。

- 省干核心节点：用于核心网落地接入，或者将业务传输到核心网。

图 2-2　SPN 物理网络总体架构

● 省干地市节点：用于城域网落地接入，或者将业务传输到城域网。

● 省干调度节点：用于多个省干地市和多个省干核心间的业务调度。

组网架构

每个地市至少部署一对省干城域设备用于和城域网对接，每个省核心机房至少部署一对省干核心设备用于落地业务。省干地市与省干核心通过物理 OTN 链路对接，采用逻辑口字型组网，下面介绍常用的组网架构。

组网架构一

如图 2-3 所示，省干核心机房落地设备和省干地市设备在物理和逻辑上均采用口字型 Full-Mesh 连接。这种架构适用于光缆或波分资源充足的场景。

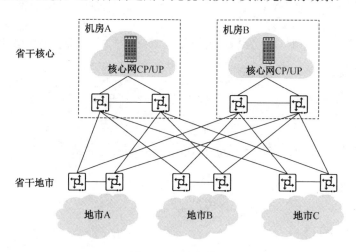

图 2-3 组网架构一

组网架构二

如图 2-4 所示，新增成对部署的调度设备，收敛省干地市设备的物理链路和端口。调度设备之间采用 Full-Mesh 连接，但和省干核心、省干落地设备部分连接。业务不感知调度节点。这种架构适用于光缆或波分资源有限的场景。

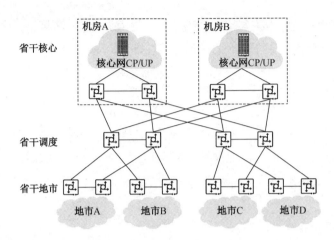

图 2-4 组网架构二

组网带宽

省干核心到省干地市：原则上仍采用现有方式（口字型）组网，宜采用100GE/N×100GE/200GE 组建系统。

省干核心到核心网：根据核心网条件进行选择，可采用 N×10GE/100GE 等方式组网。

省干地市到城域网：采用 N×10GE/100GE/200GE 组网。

2.2.2 城域网

网络节点角色

城域网结构如图 2-5 所示，包含如下网络节点角色。

- 城域核心：用于业务落地/接入，将业务传输到核心网、省干网。

- 骨干汇聚：用于业务汇聚、调度和落地，将业务调度到城域核心及其他汇聚环。

- 普通汇聚：汇聚各接入环上行的业务，将汇聚后的业务调度到骨干汇聚及其他接入环。

● 综合接入：用于集中式基站的业务接入/落地。

● 接入：用于业务接入/落地。

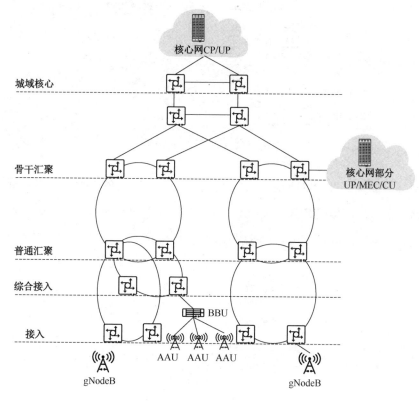

图 2-5　城域网结构

组网结构

城域网在结构上包括核心层、汇聚层和接入层三部分。

城域核心层

城域核心层采用口字型树状结构，城域核心设备和骨干汇聚设备均成对设置，可选择如下两种组网架构。

组网架构一：如图 2-6 所示，城域核心设备和骨干汇聚设备在物理和逻辑上均采用口字型 Full-Mesh 连接。这种架构适用于光缆或波分资源充足的场景。

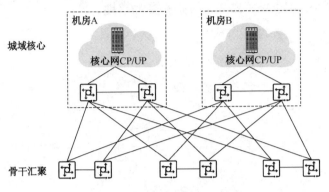

图 2-6　城域核心层组网架构一

组网架构二：如图 2-7 所示，新增成对部署的调度设备，收敛骨干汇聚设备的物理链路和端口。调度设备之间采用 Full-Mesh 连接，但和城域核心、骨干汇聚设备部分连接。业务不感知调度节点。这种架构适用于光缆或波分资源有限的场景。

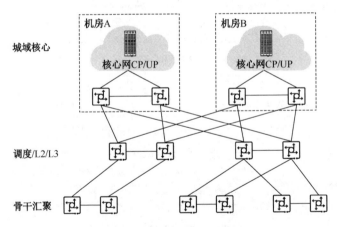

图 2-7　城域核心层组网架构二

城域核心层的组网带宽采用 100GE/200GE。

骨干汇聚与城域核心之间的组网带宽采用 100GE/200GE。

城域汇聚层

城域汇聚层采用环形结构，如图 2-8 所示，每环节点最多为 8 个，双挂到一对骨干汇聚点上。汇聚环不能双挂到两对不同的骨干汇聚点上。

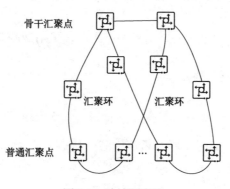

图 2-8 城域汇聚层

城域汇聚层的组网带宽采用 100GE/200GE。

城域接入层

如图 2-9 所示，城域接入层的接入环采用环形结构，每环节点最多为 12 个。接入环双挂到同一汇聚环的两个汇聚点（建议为相邻节点）上。综合接入点挂接到汇聚环的两个相邻汇聚点上，每环包含 3～4 个节点。

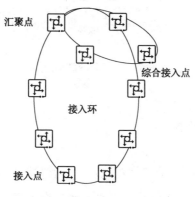

图 2-9 城域接入层

城域接入层接入环的组网带宽采用 10GE/50GE。

综合接入环的组网带宽采用 50GE/100GE。

2.2.3 省干与城域对接组网

省干接入与各地市城域核心采用口字型组网，采用 200GE/100GE 链路。

省干和城域单对组网

如图 2-10 所示，省干地市和城域核心采用口字型 UNI（User Network Interface，用户网络接口）对接，部署在同一机房。省干核心可部署一对或多对设备。这种架构适用于设备核心容量充足的场景。

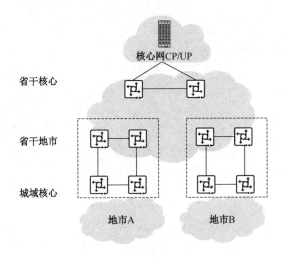

图 2-10　省干和城域单对组网

省干和城域多对组网

如图 2-11 所示，多对城域核心设备接入一对省干地市设备，分别采用口字型 UNI 对接。这种架构适用于城域核心设备与省干地市设备容量不对等，城域出于安全与容量考虑演进到多对设备的场景。

城域核心设备对、省干地市设备对均跨机房部署，对接设备在同一个机房内相互连接。多对城域核心设备通过规划路由分担到省干核心的流量。

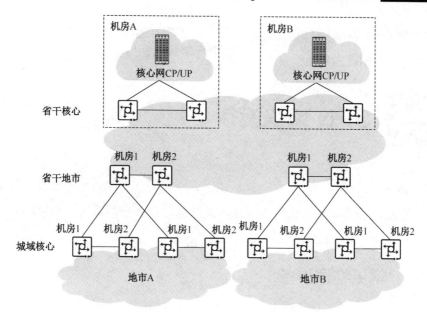

图 2-11　省干和城域多对组网

省干多对和城域多对组网

如图 2-12 所示，多对城域核心设备接入多对省干地市设备，分别采用口字型 UNI 对接。这种架构适用于城域与省干出于容量及安全考虑演进到多对设备的场景。

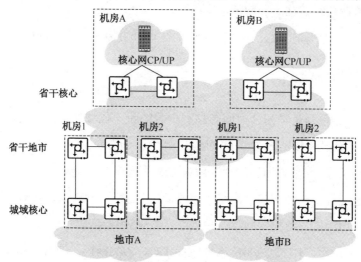

图 2-12　省干多对和城域多对组网

相互连接的省干和城域设备同机房部署，不相互连接的跨机房部署。多对城域核心设备通过规划路由分担到省干核心的流量。

2.3 SPN 网络设备

SPN 聚焦"大带宽、低时延、灵活连接、网络切片"等需求，从极简网络、智能管控等维度，赋予移动承载网新内涵，支撑移动业务长期演进，构筑面向未来的最佳体验承载网。

2.3.1 常见物理设备

SPTN 系列产品基于移动业务对承载网的需求和挑战，全方位升级支持 SPN，满足 SPN 从接入层、汇聚层到核心层的组网需求。

在设备维度，在持续提供超宽管道的基础上，引入 FlexE 等新技术，提供网络切片能力，大幅降低业务时延；在协议维度，引入新一代路由协议 SR，提供 L3 部署到边缘和灵活连接能力；在业务维度，提供业务质量可视可管、业务路径自动调优功能，打造业务智能部署和智能运维能力。

SPTN 系列产品包括 PTN 7900E 系列、PTN 7900 系列、PTN 900 系列等。

PTN 7900E 系列

PTN 7900E 系列是华为公司面向移动承载的新一代城域传送设备，主要定位于城域传送网汇聚层和核心层及干线网络，组建移动业务和大客户专线业务的承载网。PTN 7900E 系列是华为移动承载解决方案旗舰产品，能有效支撑移动承载网长期发展和演进，目前已经在多个网络中规模商用。PTN 7900E 系列基于 NP 架构设计，容量大、功耗低，可提升网络维护效率，降低网络运维成本。

如图 2-13 所示，PTN 7900E 系列包括 PTN 7900E-12、PTN 7900E-24 和 PTN 7900E-32。

PTN 7900E-12　　　PTN 7900E-24　　　PTN 7900E-32

图 2-13　PTN 7900E 系列

PTN 7900E 系列支持 50GE、100GE、200GE 等超大端口，支持 SR-TP、FlexE、iFIT 等 SPN 特性，能有效支撑运营商移动承载网长期发展和演进。

● PTN 7900E-12 定位于城域传送网的汇聚层和大容量综合接入，转发容量为 12T，未来可支持 24T 容量演进。

● PTN 7900E-24 定位于城域传送网的核心层和汇聚层，转发容量为 24T，未来可支持 48T 容量演进。

● PTN 7900E-32 定位于城域传送网的核心层和省/国家骨干网络，转发容量为 32T，未来可支持 64T 容量演进。

PTN 7900 系列

PTN 7900 系列是华为公司为应对 4G 大流量而推出的 400G 平台城域传送设备，主要定位于城域传送网核心层、汇聚层和干线网络，组建移动业务和大客户专线业务的承载网。

如图 2-14 所示，PTN 7900 系列包括 PTN 7900-12、PTN 7900-24 和 PTN 7900-32。

PTN 7900-12　　　PTN 7900-24　　　PTN 7900-32

图 2-14　PTN 7900 系列

PTN 7900 系列支持 50GE、100GE、200GE 等超大端口，软件升级支持 SR-TP、FlexE、iFIT 等 SPN 移动承载特性，可支撑运营商 4G 网络升级支持移动业务，且满足移动承载网长期发展和演进需求。

- PTN 7900-12 定位于城域传送网的汇聚层和大容量综合接入，最大转发容量为 3.2T。

- PTN 7900-24 定位于城域传送网的核心层和汇聚层，最大转发容量为 6.4T。

- PTN 7900-32 定位于城域传送网的核心层和干线网络，最大转发容量为 12.8T。

PTN 900 系列

PTN 900 系列是面向移动承载，满足 GE、10GE、25GE 到站需求的接入层盒式产品。

如图 2-15 所示，PTN 900 系列包括 PTN 970C、PTN 980、PTN 990E 和 PTN 916-F，PTN 916-F 常被用作 CPE。

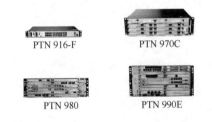

图 2-15　PTN 900 系列

PTN 900 系列支持 50GE、100GE 大容量端口，也支持 E1、STM-1 等低速业务接口。PTN 900 系列支持 SR-TP、FlexE、iFIT 等 SPN 移动承载特性。

- PTN 970C 定位于宏站接入场景，2U 高，最大转发容量为 190G，支持 50GE、25GE、10GE、GE、FE、E1、STM-1 等业务接口，支持灵活插卡，可接入各种类型的业务，支持 SR-TP、FlexE、iFIT 等 SPN 移动承载特性，主控、电源采取 1+1 冗余保护，提供高可靠性。

- PTN 980 定位于大容量宏站接入和小规模 CRAN 接入场景，3U 高，最大转

发容量为 800G，支持 100GE、50GE、25GE、10GE、GE、FE、E1、STM-1
等业务接口，支持灵活插卡，可接入各种类型的业务，支持 SR-TP、
FlexE、iFIT 等 SPN 移动承载特性，主控、电源采取 1+1 冗余保护，提供高
可靠性。它可兼容现网 PTN 960 主流业务子卡。

- PTN 990E 定位于多业务综合接入和 CRAN 接入场景，5U 高，最大转发容量
  为 1T，支持 100GE、50GE、25GE、10GE、GE、FE、E1、STM-1 等业务接
  口，支持灵活插卡，可接入各种类型的业务，支持 SR-TP、FlexE、iFIT 等
  SPN 移动承载特性，主控、电源采取 1+1 冗余保护，提供高可靠性。

- PTN 916-F 定位于 2G、3G、LTE 和大客户专线接入场景，为 1U 固定盒式接
  入设备，最大转发容量为 60G，支持 10GE、GE、FE 业务接口，支持交流和
  直流供电，安装简单。

2.3.2 设备逻辑架构

SPN 网络设备逻辑架构如图 2-16 所示，包括转发平面、控制平面、管理平面和
DCN（Data Communication Network，数据通信网）。

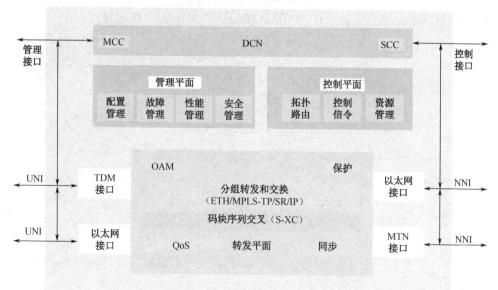

图 2-16　SPN 网络设备逻辑架构

- 转发平面包括分组转发和交换、码块序列交叉、OAM（Operation, Administration and Maintenance，操作管理维护）、保护、QoS、同步等功能模块。
- 控制平面包括拓扑路由、控制信令和资源管理等功能模块。
- 管理平面包括配置管理、故障管理、性能管理和安全管理等模块。
- DCN 包括控制平面 DCN 和管理平面 DCN。

转发平面采用 UNI 和 NNI 与其他设备相连，管理平面和控制平面采用带外管理接口、控制接口与网络管理系统相连，或者通过 UNI 和 NNI 的带内 DCN 与其他设备相连。

转发平面

分组转发和交换模块：基于分组报文的高速无阻塞交换处理，包括报文识别、流分类、封装、解封装、流标记、流统计等处理。

码块序列交叉模块：基于 MTN Channel 的转发及交换处理，包括 FlexE Client 交叉连接、OAM 监测、保护倒换等处理。

分组转发和交换模块与码块序列交叉模块配合 OAM 和保护模块，提取和下发 OAM 报文，完成保护倒换；配合 QoS 模块，完成报文的调度处理；配合同步模块，提取和下发协议报文，完成资源更新。

控制平面

SPN 采用轻量化分布式控制平面，通过拓扑路由、控制信令模块，配合资源管理模块完成拓扑状态收集、拓扑状态变化通告等基本功能，辅助集中控制器实现业务路径实时闭环控制功能。

管理平面

管理平面用于实现网元级和网络级的配置管理、故障管理、性能管理、安全管理等功能。

网元间通过管理协议通道互通，可采用基于分组业务的以太 VLAN 或 MPLS/SR 隧道通道；也可基于 FlexE Group 链路的开销通道互通。

DCN

DCN 是在网络管理系统（Network Management System，NMS）和网元间传送 OAM 信息的网络。

控制平面 DCN 指 DCN 报文在控制平面直接完成转发。在这种方式下，网元寻址在控制平面中完成，DCN 报文的目标地址为网页控制平面的 Node ID。控制平面 DCN 报文直接在单板硬件中完成转发，不需要上送设备 CPU 处理，转发效率较高。

管理平面 DCN 指 DCN 报文在管理平面完成转发。在这种方式下，网元寻址在管理平面中完成，DCN 报文的目标地址为网元 IP（Network Element IP，NE IP）。管理平面 DCN 报文需要上送设备 CPU 来转发，转发效率不如控制平面 DCN 高。但管理平面 DCN 部署简单，可以实现设备的即插即用。

业务接口

UNI 用于 SPN 网络设备和其他网络、厂家、专业领域设备对接，可采用以太网接口、传统 SDH 接口等。其中，以太网接口包括 FE、GE、10GE、25GE、40GE、50GE、100GE、200GE、400GE 等类型。

NNI（Network-Network Interface，网络-网络接口）用于 SPN 网络内设备相互连接或其他传送网设备，可采用以太网接口和 MTN 接口。其中，以太网接口包括 FE、GE、10GE、25GE、40GE、50GE、100GE、200GE、400GE 等类型；MTN 接口物理层速率包括 50GE、100GE、200GE、400GE。

设备内部接口用于转发平面、控制平面和管理平面之间的连接，采用私有接口。

第 3 章

SPN 技术架构

SPN 是一种面向综合业务承载的传送网技术机制,可对移动中传/回传、企事业专线/专网、家庭宽带等具有高质量要求的业务进行综合承载,具备在一张物理网络中进行资源切片隔离,为多种业务提供差异化(如带宽、时延、抖动等)承载服务的能力。本章主要从 SPN 网络架构出发,介绍 SPN 的关键技术。

3.1　SPN 技术概述

3.2　SPN 切片分组层

3.3　SPN 切片通道层

3.4　SPN 切片传送层

3.1　SPN 技术概述

如图 3-1 所示,SPN 网络架构模型分为切片分组层(Slicing Packet Layer,SPL)、切片通道层(Slicing Channel Layer,SCL)和切片传送层(Slicing Transport Layer,STL)。本章重点介绍这三层的相关内容。

除此之外,SPN 网络架构模型中还包括管理/控制平面和时间/时钟同步功能模块,这些内容将在第 4 章和第 5 章进行详细介绍。

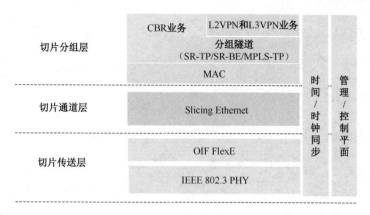

图中 CBR（Constant Bit Rate）业务特指 CES、CEP、CPRI 和 eCPRI 业务。

图 3-1　SPN 网络架构模型

切片分组层

切片分组层实现对 IP、以太、CBR 业务的寻址转发和承载管道封装，提供 L2VPN、L3VPN、CBR 透传等多种业务类型。SPL 基于 IP、MPLS、802.1Q、物理端口等多种寻址机制进行业务映射，提供对业务的识别、分流、QoS 保障处理。

对分组业务，SPL 提供基于 Segment Routing 增强的 SR-TP 隧道，同时提供面向连接和无连接的多类型承载管道。Segment Routing 源路由技术可在隧道源节点通过一系列表征拓扑路径的 Segment 段信息（MPLS 标签）来指示隧道转发路径。相比于传统隧道技术，Segment Routing 隧道不需要在中间节点上维护隧道路径状态信息，提升了隧道路径调整的灵活性和网络可编程能力。SR-TP 隧道技术在 Segment Routing 源路由隧道的基础上增强了运维能力，扩展了支持双向隧道、端到端业务级 OAM 检测等功能。

切片通道层

切片通道层为网络业务和切片提供端到端通道化硬隔离，通过创新的切片以太网（Slicing Ethernet，SE）技术，对以太网物理接口、FLexE 绑定组实现时隙化处理，提供端到端的基于以太网的虚拟网络连接能力，为多业务承载提供基于 L1 的低时延、硬隔离的切片通道。基于 SE 通道的 OAM 和保护功能，可实现端到端的切片通道层的性能检测和故障恢复能力。

切片传送层

切片传送层基于 IEEE 802.3 以太网物理层技术和 OIF FlexE 技术，实现高效的大带宽传送能力。OIF FlexE 以太网物理层包括 50GE、100GE、200GE、400GE 等新型高速率以太网接口，利用广泛的以太网产业链，支撑低成本、大带宽建网，支持单跳 80km 的主流组网应用。

3.2 SPN 切片分组层

SPN 切片分组层用于处理分组业务，对所承载业务的 L2 以太层或 L3 IP 层分组报文进行接入识别、匹配分流、寻路转发、网络侧封装、QoS 调度等一系列处理，并在完全继承 PTN 分组承载能力的基础上，针对 5G 业务和专线业务承载进行架构优化和功能增强。

如图 3-2 所示，SPN 切片分组层基于业务模型可进一步分为客户业务子层和业务传送子层。客户业务子层包括业务信号处理和业务封装处理。业务传送子层主要提供 MPLS-TP、SR-TP、SR-BE 隧道，实现分组业务的分层承载、OAM 检测和保护能力。

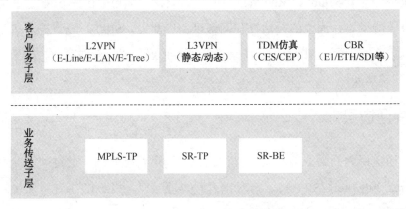

图 3-2　SPN 切片分组层示意图

3.2.1 客户业务子层

SPN 切片分组层中的客户业务子层完成业务信号的接入识别、匹配分流、寻路转发处理，支持 L2VPN、L3VPN 和 TDM 仿真等业务模型。

L2VPN 业务

L2VPN 业务通过以太口接入，通过识别、编辑以太网报文二层头（MAC 和 VLAN）信息进行业务转发，不同 L2VPN 业务间 MAC 地址和 VLAN ID 可独立规划。基于 L2VPN 业务流量模型可进一步细分为如下业务类型。

- E-Line（VLL）：以太网业务点到点透明传输专线业务服务；可基于以太口或业务报文携带 VLAN 进行分流转发，也可对报文 VLAN 进行编辑处理；可基于业务报文携带 VLAN Priority 进行 QoS 优先级调度。
- E-LAN（VPLS）：以太网业务多点到多点专网业务服务；可基于以太口或业务报文携带 MAC+VLAN 进行分流转发，也可对报文 VLAN 进行编辑处理；可基于业务报文携带 VLAN Priority 进行 QoS 优先级调度。
- E-Tree：以太网业务点到多点组播业务服务；可基于以太口或业务报文携带 VLAN 进行分流转发，并支持业务报文复制分发。

L3VPN 业务

L3VPN 业务通过识别以太网报文三层头 IP 地址信息进行业务转发，不同 L3VPN 业务间 IP 地址空间可独立规划。

为满足 5G 无线基站 BBU 间 Xn 业务就近、低时延转发，以及核心网 UPF/MEC 下沉后业务灵活连接的需求，SPN 相对于 PTN 扩大了 L3VPN 域覆盖范围，即支持从城域网核心 L3VPN 域扩大至边缘接入设备。为降低大网 L3VPN 带来的路由数量、业务连接数等压力，SPN 采用分层 L3VPN 部署模型，如图 3-3 所示，城域网内部署一个核心 L3VPN 域和多个接入 L3VPN 域，L3VPN 业务间 IP 地址空间独立，由集中管控系统实现 L3VPN 业务的集中路由计算、发布和配置功能。

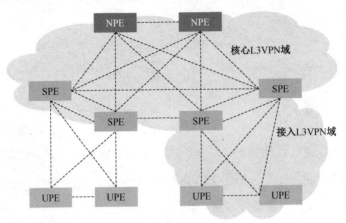

图 3-3　分层 L3VPN 部署模型

分层 L3VPN 部署模型具有以下特征。

1．UPE、SPE、NPE 设备通过公网隧道相互连接，公网隧道可以是 MPLS-TP、SR-TP 或者 SR-BE 隧道。

2．分层部署模型要求网络内有且仅有一个核心 L3VPN 域，核心 L3VPN 域与多个接入 L3VPN 域邻接，且接入 L3VPN 域间不直接互通。

3．接入 L3VPN 域、核心 L3VPN 域内私网路由扩散均遵循水平分割原则，实现业务就近转发。

4．同一对 SPE 设备下挂的接入 L3VPN 域设备 IP 地址在一个或多个网段内分配，便于接入 L3VPN 域路由聚合。

5．UPE 发布明细路由给接入 L3VPN 域的其他节点，包括 SPE。

6．允许用户手动聚合 SPE 下挂接入 L3VPN 域内明细路由，并将聚合路由发布给其他 SPE 和 NPE，其他 SPE 和 NPE 不再发布；不向核心 L3VPN 域发布 UPE 明细路由。

7．NPE 将核心网侧明细路由发布给 L3VPN 域内其他 SPE 和 NPE，其他 SPE 和 NPE 不再发布。

8．SPE 向接入 L3VPN 域的 UPE 发布默认路由。

9. UPE 设备至 SPE 或 NPE 设备、SPE/NPE 设备间可通过 VPN FRR 实现节点故障保护。

VPN 内路由发布具有以下特征。

1. 私网路由扩散遵循水平分割原则。

2. PE 设备间通过公网隧道相连，SPL 隧道可以是 MPLS-TP、SR-TP 或 SR-BE 隧道。

3. PE 设备可向域内其他 PE 设备扩散用户侧引入的直连路由或静态路由。

4. PE 设备从其他 PE 设备接收到的路由不再向任何 PE 设备扩散，仅更新到本地路由表。

TDM 仿真业务

通过 E1 或 SDH 业务接口接入，在 SPN 分组内核的网络内尽可能如实地模仿 TDM 业务基本行为和特征的二层业务承载技术，即边缘到边缘的伪线仿真 （Pseudowire Emulation Edge-to-Edge，PWE3）。

基于接入业务端口的不同可进一步细分为如下业务类型。

● CES（Circuit Emulation Service）：针对 E1/T1 接口内 TDM 时隙仿真业务。

● CEP（Circuit Emulation over Packet）：针对 SDH/Sonet 接口内 VC12/VC3/VC4 容器仿真业务。

3.2.2　业务传送子层

SPN 切片分组层中的业务传送子层支持 MPLS 隧道封装、路径控制、OAM 故障检测、可靠性保护及 QoS 调度等功能，且继承了 PTN 网络端到端业务连接、电信级 OAM 检测及保护、传输风格运维能力，为客户业务子层提供高品质连接服务。业务传送子层中的 MPLS 隧道按机制和原理不同，分为 MPLS-TP 隧道、SR-TP 隧道和 SR-BE 隧道。

MPLS-TP 隧道

MPLS-TP 隧道技术的原动力是将早期基于 PDH/SDH 电路交换的传送网络改造成基于包交换的传送网络，作为一种基于分组交换内核的面向连接交换技术，同 MPLS-TP OAM 检测技术和电信级保护技术（包括线性保护、双归保护和环网保护）构成完整的技术体系，在 ITU-T 标准组进行标准化。PTN 网络借助 MPLS-TP 隧道技术，提供 SDH-Like 业务连接服务及运维体验，SPN 网络继承了 MPLS-TP 隧道能力。

SR-TP 隧道

SPN 网络引入源路由技术，可在隧道源节点通过一系列表征拓扑路径的 Segment 段信息（MPLS Label）来指示隧道转发路径。相比于传统隧道技术，SR 隧道不需要在中间节点上维护隧道路径状态信息，提升了隧道路径调整的灵活性和网络可编程能力。

SR-TE（Segment Routing-Traffic Engineering）隧道转发模型如图 3-4 所示，生成 SR-TE 隧道转发路径需要以下几步。

1. 通过网管或控制器为网络中每台设备的每条链路分配本地邻接标签（如 Adj A/B/C/D/E）。

2. 在 SR-TE 隧道源 PE 节点根据隧道转发路径规划需求，为业务报文"压入"标识转发路径的邻接标签栈（如 Adj A→Adj B→Adj C→Adj D→Adj E）。

3. 网络中间 P 节点接收到报文后，匹配邻接标签表，找到业务转发接口，剥离栈顶标签后完成转发。

SR-TE 隧道使用邻接标签来标识业务转发路径，如图 3-4 所示，在倒数第二跳已不携带邻接标签，不能标识端到端业务及 OAM 检测报文，导致基于 SR-TE 隧道的端到端运维能力（丢包率、时延、抖动等）受限。

SPN 对 SR-TE 隧道技术进行改进，形成了 SR-TP 隧道技术，增加了端到端

OAM 运维、支持双向隧道、支持 MPLS OAM 检测等功能。

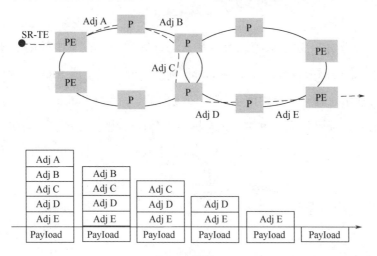

图 3-4　SR-TE 隧道转发模型

如图 3-5 所示，SR-TP 隧道在 SR-TE 隧道的基础上，增加了一层端到端标识业务流的标签 Path SID，此标签是由宿 PE 节点向源 PE 节点分配的本地标签，基于 Path SID 运行 OAM 和 APS 等功能。

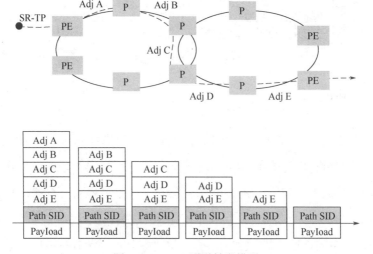

图 3-5　SR-TP 隧道转发模型

但是，SPN 设备转发标签栈能力存在 10 层标签的限制问题，而 IETF RFC8402
.

定义的 Binding 标签功能可解决此问题，可通过标签粘连机制增加 SR-TP 隧道路径跳数。

如图 3-6 所示，为了减少源节点加入的标签层数，由集中控制器协同中间 P（Binding）节点向源节点分配特殊 Binding 标签，源节点生成 SR-TP 隧道标签转发路径时，仅需压入源节点至中间 P 节点邻接标签和特殊 Binding 标签。报文转发至中间 P 节点时，通过识别特殊 Binding 标签"翻译"出中间 P 节点至宿节点邻接标签栈。

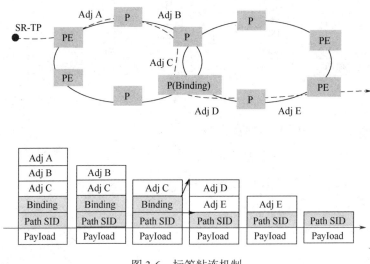

图 3-6　标签粘连机制

SR-BE 隧道

SR-BE 隧道技术是面向无连接的承载技术，可提供任意拓扑业务连接并简化隧道规划和部署。如图 3-7 所示，SR-BE 隧道首先为网络中的每台设备分配节点标签（Node Label），通过 IGP 协议将设备节点标签扩散到域内其他设备；然后整网设备分布式运行 IGP 协议，计算出到宿节点的最优转发路径。

综上所述，SPN 网络同时支持 MPLS-TP、SR-TP、SR-BE 三种隧道技术，这三种技术各有特点，各自具有不同的应用场景，具体如表 3-1 所示。

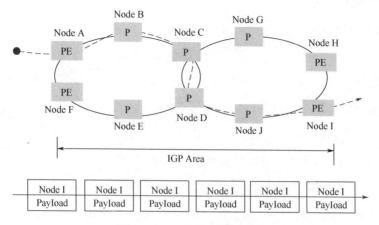

图 3-7　SR-BE 隧道转发模型

表 3-1　MPLS-TP、SR-TP、SR-BE 隧道技术

隧道技术	连接数	TE 能力	典型应用场景
MPLS-TP	小	有	集客专线、PTN 与 SPN 网络互通等
SR-TP	中	有	SPN 网络 5G 2C、5G 2B 南北向流量，云网专线等
SR-BE	大	无	SPN 网络 5G 2C、5G 2B 东西向流量

3.3 SPN 切片通道层

以太网凭借其简单、高效、价格低廉的优势成为数据承载的主流技术，而 5G eMBB、mMTC、uRLLC 三种关键业务类型对承载网提出了更高 SLA 隔离要求。

OIF 标准组主导的 FlexE 技术，提供了基于以太网物理接口进行逻辑切片隔离的机制，但对端到端业务 SLA 隔离性依然不足。中国移动与华为等主流设备商进行创新合作，提出了基于以太网 PCS 层 64B/66B 以太网码流交叉的 MTN 通道技术，基于原生以太内核扩展的 MTN 切片使其兼容 IEEE 以太网技术体制，同时避免分组报文经过 L2/L3 层存储、转发，提供硬管道隔离、确定性低时延的以太网 L1 层组网能力。

MTN 通道关键技术包括以下几项：

● 基于以太网码块的交叉技术：基于 64B/66B 以太网码流时隙交叉，具有低时延、透明传输、硬隔离等特征。

- 按需端到端 OAM 技术：基于 IEEE 802.3 码块扩展，采用 IDLE 替换原理，实现切片以太网通道 OAM 和保护功能，支持端到端的以太网 L1 层组网。
- 以太网业务透明映射技术：通过转码机制，实现各类业务到切片以太网通道的透明映射和透明传输。

如图 3-8 所示，MTN 通道主要实现以下功能。

1. MTN 通道连接两端的业务接入并进行透明映射。

MTN 通道源端接入 IEEE 802.3 以太口（10GE、25GE 等）业务后，借助 OIF FlexE 进行 FlexE Group 绑定或 FlexE Client 通道化，将用户侧以太网报文转换为 64B/66B 以太网码流时隙。

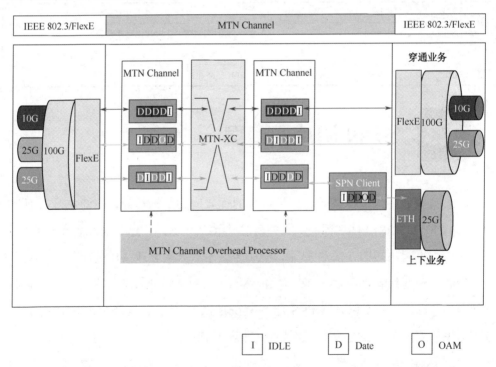

| I | IDLE | D | Date | O | OAM |

图 3-8　MTN 通道示意图

MTN 通道宿端将接收到的 64B/66B 以太网码流时隙，反向转换为 IEEE 802.3 以太口承载的以太网分组报文，然后通过客户侧以太网接口（10GE、25GE 等）发送出去。

2．MTN 通道 OAM 插入、提取功能。

在 MTN 通道源端生成 OAM 码块并插入 64B/66B 以太网业务码流中，MTN 通道宿端识别、提取 OAM 码块，实现对端到端 MTN 通道的连通性、时延、抖动测量。MTN 通道 OAM 码块基于 IEEE 802.3 标准 O 码定义，并进行了扩展和增强。

3．以太网码块交叉功能。

MTN 通道中间节点，基于固定时隙通道号交叉 64B/66B 以太网码流（S/T/I/O/D 码块），实现 L1 层业务透明、时隙隔离、低时延等传输特征。

SPN 借助 MTN 切片以太网技术，将以太网组网技术从 L2 分组层扩展到 L1 TDM 电层，是对传统以太网组网技术的有效增强和补充。SPN 网络具备基于 MTN 切片以太网的多层组网能力，可匹配 5G 和云网业务差异化承载要求，如图 3-9 所示。

- 对于高价值专线业务，通过 L1 层透明映射和 TDM 交叉技术，实现端到端透明传输和硬隔离承载。
- 对于普通业务，通过传统分组报文调度和统计复用技术，实现高性价比传输。
- 对于低时延业务，通过在业务接入 PE 节点进行 L2 以太层或 L3 IP 层的分组层接入，在网络内 P 节点提供 L1 层的 TDM 交叉连接，实现网络内的低时延快速转发。

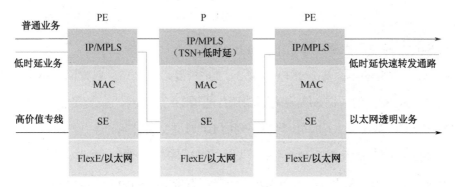

图 3-9　MTN 承载业务示意图

3.3.1 MTN 通道层技术

SPN 切片通道层以 Client 为基本单元，通过 S-XC 连接构成 PE 节点之间的端到端通道，并支持 MTN 通道的 OAM 监测和网络保护，S-XC 省去了分组转发的成帧、组包、查表、缓存等处理过程，因此 MTN Path 层具备端到端硬管道、低时延、OAM 和保护等特征。

如图 3-10 所示，SPN 网络边缘接入 PE 设备对分组业务报文进行识别、交换、编辑处理，然后映射进 MTN Path 通道；SPN 网络中间 P 节点对 MTN Path 通道进行 L1 TDM 层交叉（64B/66B 码块交叉），形成端到端 MTN Channel 交叉通道。

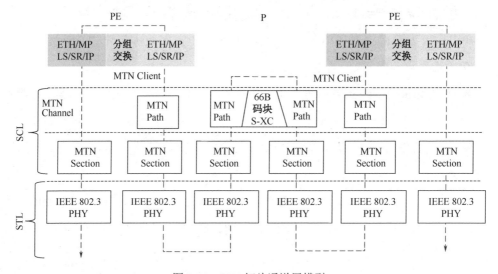

图 3-10　SPN 切片通道层模型

SPN 切片通道层主要包含以下关键技术。

1. MTN Channel：基于 IEEE 802.3（50GE 及以上接口）以太网 66B 码块序列交叉连接（S-XC）的通道，实现端到端切片通道 L1 层组网。

2. S-XC：基于以太网 66B 码块序列的 L1 通道交叉技术。

3. MTN Path 层及其 OAM 开销：基于 IEEE 802.3（50GE 及以上接口）以太网 66B 码块扩展，用 OAM 码块替换 IDLE 码块，实现 MTN Path 层的 OAM 功能。

4．MTN Section 层帧结构及其 OAM 开销：重用 OIF FlexE 帧结构、子速率、绑定等功能逻辑的 MTN Section 层网络接口及其告警和性能管理开销功能。

通过在 FlexE Client 源端复用下叉、宿端识别提取 OAM 码块的方式，实现 MTN Channel 交叉通道 OAM 检测功能，为 MTN Channel 提供端到端快速故障检测、告警及性能监测等业务运维手段。为确保 MTN Channel 层 OAM 码块的插入和提取不影响客户层业务，要求 OAM 码块在插入时替换业务流中的 IDLE 码块并随业务码块发送，然后从接收到的业务流中识别 OAM 码块并在提取时替换为 IDLE 码块，业务流被还原并继续发送。OAM 码块的发送频率和插入个数需要考虑 IDLE 码块资源的可用性。

MTN Channel 支持 APS 线性保护功能，即通过两条点到点连接的 MTN Channel 形成互为保护关系来提升业务可靠性。MTN Channel 保护示意图如图 3-11 所示，MTN Channel APS 线性保护中主备两条连接分别进行 MTN Channel OAM 故障检测，相互配合达到电信级 50ms 倒换性能。

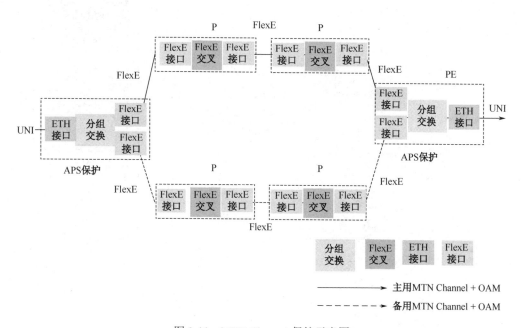

图 3-11　MTN Channel 保护示意图

3.3.2 MTN 段层技术

MTN Section 层位于 MTN 通道层和切片传输层之间，重用 OIF FlexE 的实现逻辑，如图 3-12 所示，在 IEEE 802.3 以太网 MAC 和 PHY 层间新增 FlexE Shim 层，基于 Calendar 分发机制实现 FlexE Client 在多路 PHY 的传输及互联互通，实现 MTN Path 层接入数据流的速率适配、数据流在 MTN Section 上的映射与解映射、复用与解复用、帧开销的插入与提取等功能。

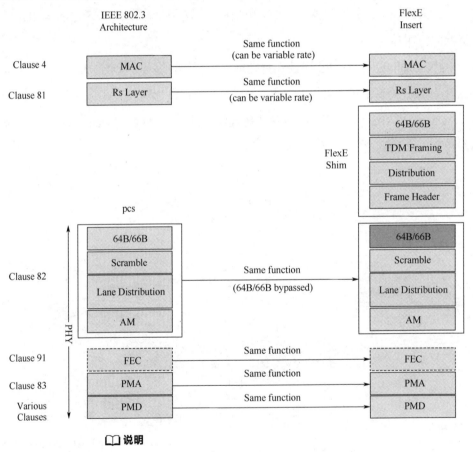

　　说明

图中仅给出了标准模型，详细内容请参考具体标准。

图 3-12　MTN Section 层与 IEEE 802.3 和 OIF FlexE 标准参考模型

MTN Section 层除实现 MTN 开销处理外，还支持将 MTN Client 承载于多端口绑定的 MTN 接口组上，实现任意 MTN Client 接口速率在一个 MTN 接口组上的灵活映射和传输，即一个 MTN Client 对应的时隙可以分布于 MTN 接口组内的不同 PHY 上。当部分 PHY 链路出现故障时，与故障 PHY 链路无关的 MTN Client 能够正常传送；与故障 PHY 链路相关的 MTN Client 时隙隔离，实现 MTN 接口组多 PHY 链路绑定情况下的故障隔离功能，进而实现业务带宽的灵活扩容及链路可靠性增强。

下面简单介绍单 PHY 故障场景，如图 3-13 所示，MTN 接口组承载了 MTN Client 1、2、3 和 4，当 PHY#B 出现故障时，MTN Client 1 和 4 通过故障隔离能够正常传送；对于 MTN Client 2 和 3，需要启动更高层的保护机制自愈，即通过 SPL 的 MPLS-TP 或 SR-TP 隧道的 1:1 APS、SCL 的 MTN Path 的 1+1/1:1 APS 保护机制倒换到保护路径的 MTN 接口组中相应的 PHY。

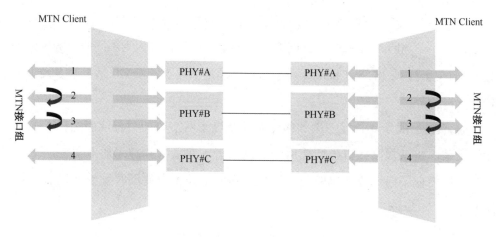

表示通过SPL或SCL的保护机制倒换到保护路径的MTN接口组中的PHY

图 3-13　MTN 接口单 PHY 故障隔离功能模型

3.4　SPN 切片传送层

SPN 切片传送层规范定义 SPN 设备以太网接口物理层及光层，为切片通道层或切片分组层提供物理媒介的光传输接口服务，并遵循 IEEE 802.3 标准的以太网接口物理层编解码和传输媒介处理，支持 25GE、50GE、100GE、200GE 和 400GE 等速率的光接口链路连接，是 SPN 网络连接的关键组成部分。

3.4.1 以太网接口

以太网接口作为通信领域广泛使用的高性价比接口技术，经过近 40 年的发展已形成成熟的产业链，在电信网络和 IT 网络中得到大规模应用。得益于互联网、移动回传和数据中心的发展，近年来高速率以太网接口取得了快速发展。

在 4G PTN 回传网时代，接入环以 GE/10GE 为主，汇聚环、核心环以 10GE/100GE 为主；进入 5G SPN 回传网时代，无线接入带宽需求进一步增长，接入环以 50GE 为主，汇聚环超过 100GE，核心环需要 $N \times 100GE$、$N \times 200GE$ 甚至 $N \times 400GE$ 等更大的带宽。同时，为满足 SPN 网络综合业务承载需求，借助 MTN 切片隔离技术在 50GE、100GE、200GE、400GE 以太网接口内为不同的业务规划不同的 MTN Client 或 MTN Channel 承载管道，满足不同业务带宽灵活扩容及硬隔离承载需求。

如表 3-2 所示，传输速率和传输距离是以太网接口的关键性能指标，成本及性价比是影响以太网接口推广应用的关键因素。在需求和技术的双重驱动下，以太网接口物理层向低成本单路与高性能多路两个技术方向同时发展，以获得最优性价比。

表 3-2　以太网接口 IEEE 802.3 标准

传输距离	传输速率					
	25GE	50GE	50GE BiDi	100GE	200GE	400GE
10km	802.3-2018	802.3-2018	P802.3cp	802.3-2018	802.3-2018	802.3-2018
40km	802.3-2018	802.3cn	P802.3cp	802.3-2018	802.3cn	802.3cn
80km	—	—	—	P802.3ct	—	P802.3cw

如图 3-14 所示，以太网接口经历了 1GE→10GE→25GE→50GE→100GE 演进过程，100GE 以太网接口有 4 种实现方案，即 10 路 10GE 通道、4 路 25GE 通道、

2 路 50GE 通道和 1 路 100GE 通道。

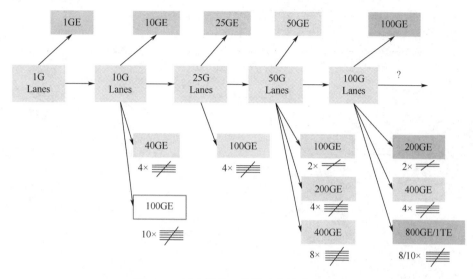

图 3-14　以太网接口传输速率演进示意图

3.4.2　PAM4 技术

基于以太网光层 25GE 单通道，辅助以太网电层 PAM4（Four-level Pulse Amplitude Modulation，4 级脉冲幅度调制）技术，实现 Lane 50G 数据传输速率，有效降低单比特传输成本。PAM4 技术作为下一代数据中心高速信号互联的热门信号传输技术，被广泛应用于 200G/400G 接口的电信号或光信号传输。

传统的数字信号大多采用 NRZ（Non-Return-to-Zero）信号，即采用高、低两种信号电平来表示要传输的数字逻辑信号的 1、0 信息，每个符号周期可以传输 1bit 逻辑信息。而 PAM4 信号可以采用更多的信号电平，使得每个符号周期可以传输更多的逻辑信息。

如图 3-15 所示，PAM4 信号采用 4 个不同的信号电平来进行信号传输，每个符号周期可以传输 2bit 逻辑信息（0、1、2、3）。由于 PAM4 信号每个符号周期可以传输 2bit 信息，因此要实现同样的信号传输能力，PAM4 信号的符号速率只需要达到 NRZ 信号的一半，使得传输通道的损耗大大减小。

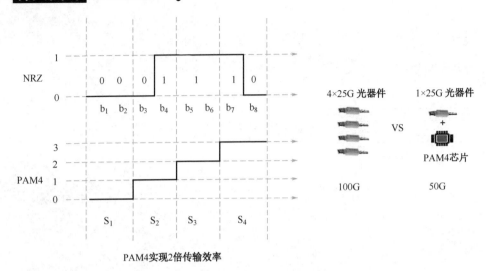

PAM4实现2倍传输效率

图 3-15　NRZ 信号与 PAM4 信号的对比

随着技术的发展，未来有可能采用 PAM8 甚至 PAM16 信号进行信息传输。基于单 Lane 50GE（25GE 结合 PAM4）技术，再进行多 Lane 复用，发展出 100GE、200GE、400GE 等低成本、高速率以太网接口，这类接口逐渐成为新一代以太网主流接口。

第 4 章

SPN 管理和控制

SPN 网络统一部署集中管控系统——网络云化引擎（Network Cloud Engine，NCE），实现全局网络的集中管理、控制和分析。相对于传统 PTN 网络，SPN 网络新增了控制器集中式控制平面和设备分布式控制平面，大幅提升了业务调度灵活性及业务生存能力。

本章主要介绍 SPN 管控系统、NCE 智能算路和网络切片管控。

4.1　管控系统概述

4.2　管控系统接口

4.3　NCE 智能算路

4.4　网络切片管控

4.1　管控系统概述

SPN 管控系统引入了 SDN 控制。有别于传统网络中各个路由转发节点各自为政、独立工作的情况，SDN 引入了中枢控制节点——控制器，用来统一指挥下层网络设备的数据往哪里发送，下层网络设备只需要照着执行即可。这样一来，网络就像有了大脑一样，可以实现控制和转发分离，物理网络具有了开放、可编程的特征，可以支持各种网络体系结构和业务的创新。控制平面完成网络拓扑和资源统一管理、网络抽象、路径计算、策略管理等功能。相对于传统的基于网元、网络、业务的管理模式，这种新模式增强了端到端管理协同和网络实时控制能力，提高了动态服务和变化的响应能力，并且提供了智能运维能力和开放型运营能力。

SPN 管控系统架构如图 4-1 所示，主要包括以下几部分。

1. 统一云化平台：依托统一的基础平台，支持统一的安装、升级及补丁管理机制，支持统一的控制器系统监控和维护，支持统一鉴权管理。

2. 统一数据管理：统一的数据资源模型，统一的数据资源分配系统，统一的数据库系统，统一的存储格式和存取接口，统一的数据备份和恢复机制。

3. 统一南向接口：统一南向接口框架，统一南向协议连接，统一南向数据模型。南向接口大多由设备商自己开发，由自己的网管管理自己的设备。统一南向接口支持网管对接第三方设备。

4. 统一 Portal 界面：统一的界面入口和界面风格。

5. 管理子系统：集中业务管理、拓扑管理、网络维护、监控、告警排障等管理功能。

6. 控制子系统：集中动态控制的算路能力。

7. 切片管控：实现切片生命周期管理、切片运维和切片状态监测。

华为 NCE 是基于 SPN 管控系统架构，满足 5G SPN 的管理、控制和分析需求的新一代网络自动化平台。

- 管理：网元管理，包括网络拓扑、告警、配置和存量网元管理，以及传统的 L2VPN、L3VPN 管理。

- 控制：多维约束的集中算路，全面结合时延、带宽、利用率和 Cost 要求，基于 PCEP 和流量进行调整和优化。

- 分析：实现网络性能、流量和质量的展示和分析，进行流量、故障、异常预测，以及基于路径还原、逐跳诊断的故障诊断。

由此可以认为，NCE 是一个完整的管控系统。为了方便表述，下文中用 NCE 代表管控系统。

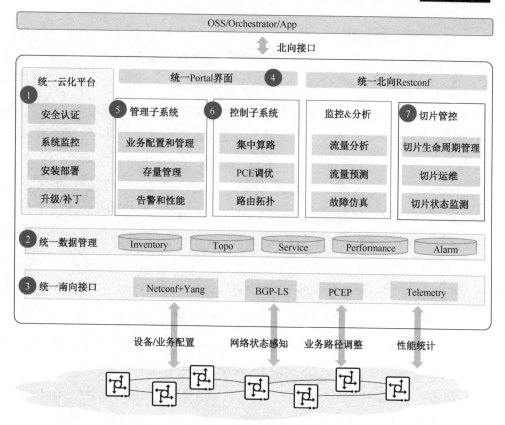

图 4-1 SPN 管控系统架构

4.2 管控系统接口

在万物互联的智能世界里，开放更多的接口、更快地开放接口，意味着能与其他网络更快建立连接，网络开放不但能够为设备网络带来变革，还可以进一步细分产业链，带来新的产业发展机遇。

南向接口、北向接口的定义是相对于分层系统而言的，一般将上层系统提供给下层系统的接口称为南向接口，将下层系统提供给上层系统的接口称为北向接口。

北向接口是通过 NCE 向上层业务应用开放的接口，NCE 向上提供资源抽象，实现软件可编程控制的网络架构，上层的网络资源管理系统或者网络应用可以通过

NCE 的北向接口，全局把控整个网络的资源状态，并对资源进行统一调度。

就像手机充电口从最早只能充电的圆形接口演进到 Mini USB 接口、Micro USB 接口，再演进到现在各大厂商标配的 Type-C 接口，北向接口也随着网络的发展在不断演进。同一个 Type-C 接口充电器可以给多种品牌的手机充电，这是因为各大厂商都按照同一套标准设计充电口。与此类似，北向接口也需要满足一定的协议或标准，才能与各种各样的上层 OSS 或者友商完成对接。

北向接口是一个管理接口，和传统设备提供的管理接口形式和类型一致，只是提供的接口内容不同。传统设备提供单个设备的业务管理接口，而网络运维所产生的数据需要相应的承载方式或者表现形式。对于 NCE 而言，网络上的所有事物都可被抽象为资源，每个资源都有一个唯一的资源标识符（Uniform Resource Identifier，URI）。也就是说，NCE 提供的接口面向网络业务。例如，客户在网络中部署一个虚拟网络业务，无须关心网络内部如何实现。这些实现过程由控制器内部程序完成。NCE 主推 Restconf（Representational State Transfer Configuration，表述性状态转移配置）接口，简化了北向接口，实现了网络能力三级开放。

● 生态开放：支持与业界主流云平台对接，通过 20 多家行业合作伙伴的继承或者测试认证，对外开放开放者社区、创新工具和远程实验室。

● 北向开放：统一 API，统一认证、转发和注册；提供 300 多个原子 API，提供场景化 API，简化 OSS/App 开发。

● 南向开放：提供 Netconf、Telemetry 等接口，如表 4-1 所示。

表 4-1　管控系统南向接口

接口协议	接口作用
Netconf + Yang	Netconf 协议是一种基于 XML 的网络配置管理协议，具有监控、故障管理、安全验证和访问控制功能，基于单网元的连接，主要用于控制器/网管与设备间接口 Yang 是 Netconf 协议的数据建模语言，用于 Netconf 协议的基本操作
BGP-LS	BGP-LS（Border Gateway Protocol-Link State，BGP 链路状态协议）是 BGP（Border Gateway Protocol，边界网关协议）的扩展。BGP-LS 汇总 IGP IS-IS 协议收集的拓扑信息上报给控制器，控制器根据这些信息进行集中算路。这样无须 SDN 控制器具备 IGP 处理能力，并且 BGP 直接将完整的拓扑信息上传给控制器，使拓扑上送协议归一化，有利于路径选择和计算

续表

接口协议	接口作用
PCEP	PCEP（Path Computation Element Communication Protocol，路径计算单元通信协议）主要用于控制器调整隧道路径 PCE（Path Computation Element，路径计算单元）能够基于网络拓扑图计算网络路径或者路由实体（网元或者应用）。PCE 功能可以由控制器完成，也可以单独设置。 PCEP 面向连接，作为双向通道，可以将 LSP（Link State Protocol，链路状态协议）状态变更即时上报给控制器进行调整，效率高
Telemetry（遥感勘测）	网络设备和业务性能采集

4.3 NCE 智能算路

NCE 提供了许多算路策略，如带宽、时延、链路质量，实时监控集中算路，全网资源优化，保障 SLA。

如图 4-2 所示，NCE 控制单元（Controller）实时采集网络拓扑信息，进行端到端集中算路，进而利用路由集中策略和分布式协议的配合，有效降低网元转发设备的配置复杂度。

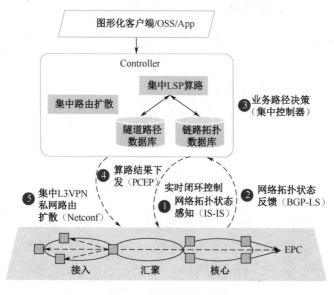

图 4-2 端到端集中算路

SPN 网络的集中管控系统支持对网络拓扑的自动发现和更新，对 SR-TP 采用集中式静态路由发布、标签配置等管控方式，对 SR-BE 采用基于 IGP IS-IS 协议的分布式动态管理方式。如图 4-3 所示，SPN 网络采用分布式+集中式控制平面。

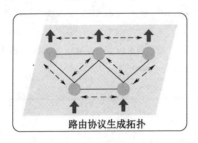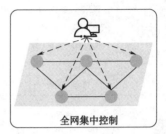

路由协议生成拓扑　　　　全网集中控制

图 4-3　分布式+集中式控制平面

分布式控制平面

SPN 设备通过域内路由协议 IS-IS 发现网络拓扑，并实时感知拓扑状态变化，为集中式控制平面提供网络拓扑状态感知能力。

SPN 网络通过 IS-IS 分域部署，以缩小网络状态扩散范围并加快网络收敛速度；通过 IS-IS for SR 协议扩展支持 SR-BE 隧道本地保护功能（TI-LFA），实现任意拓扑的电信级（50ms）故障保护能力。

集中式控制平面

集中式控制平面实现如下功能。

● 网络拓扑状态反馈：SPN 设备通过 BGP-LS 将 IS-IS 域内发现的网络拓扑、拓扑状态、SR 标签实时反馈给 SDN 控制器，确保 SDN 控制器基于最新的网络拓扑及拓扑状态进行 SR-TP 隧道路径调整。

● 隧道路径计算：基于 BGP-LS 反馈的网络实时拓扑和用户配置的隧道算路策略，新计算出的 SR-TP 隧道路径要确保在 IS-IS 域内的 IP 路由可达性。如需部署跨 IS-IS 域的 SR-TP 隧道，SDN 控制器支持"拼接"由 BGP-LS搜集到的多 IS-IS 域拓扑，基于"拼接"后的整网拓扑计算端到端 SR-TP隧道路径。

- 隧道路径下发：SDN 控制器通过 PCEP 将集中算路结果实时下发给 SPN 设备。此外，在 SPN 设备检测到 SR-TP 隧道故障时，可通过 PCEP 向控制器发起实时算路请求。

- 隧道算路策略配置：SDN 控制器支持的 SR-TP 隧道算路策略包括最短路径、带宽约束（CSPF）、必经路径/节点、双向隧道共路、主备隧道不共路等。SDN 控制器能够从北向接口获取上层系统（如控制器、App、OSS 或协同器）下发的 SR-TP 隧道算路策略，以便用户基于应用场景灵活定制算路算法。

  SR 隧道技术可同时提供面向连接和无连接的隧道。

- SR-TP：面向连接的隧道，主要用于承载从 UPE 到 NPE 的南北向流量。
- SR-BE：面向无连接的隧道，主要用于承载 UPE 之间的东西向流量。

其中，面向连接的 SR-TP 隧道由控制单元集中计算，将计算结果（到各目的地的隧道标签信息）通过 PCEP 下发给隧道的边缘节点，中间节点只需要按照标签转发即可。

如图 4-4 所示，假如需要从 A 到 Z 建立一条 SR-TP 隧道，控制单元会综合用户设置的带宽、时延、可用度等信息计算出从 A 到 Z 的一条路径，把最终计算结果的标签信息通过 PECP 传递给 A 网元，中间节点只需要按标签转发即可。

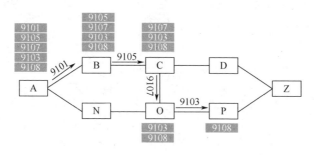

图 4-4　SR-TP 隧道

4.4　网络切片管控

在 5G 时代"万物互联"的宏大构想中，除 eMBB 继承自之前的手机上网业务外，mMTC 和 uRLLC 都属于物联网业务。

运营商要开展物联网业务，必然涉及和其他物联网服务提供商的合作及定制化，如何为合作伙伴提供一个按需定制、独立运维、稳定高效的网络，也就成了一个亟须解决的问题。

SPN 管控系统支持网络切片管理，即从一个物理网络虚拟出多个独立的逻辑切片网络，并为逻辑切片网络分配网络资源以实现对所承载业务的 SLA 隔离。如图 4-5 所示，面向 5G 应用场景，可以划分不同的行业网络切片。

网络切片主要带来以下两个好处。

1. 第一是隔离。金融等行业对安全隔离的要求比较高，通过网络切片可以实现可靠的安全隔离，消除客户对传统 IP 网络统计复用的安全顾虑。

2. 第二是确定性的保障。在大部分客户的印象中，IP 网络是不稳定的，时延、抖动大，而通过网络切片这种新技术，可以实现确定性的时延、带宽、抖动等。

在承载网发展初期，不同的业务需要不同的物理网络承载。网络切片不仅降低了建设专网的成本，而且可以根据业务需求提供高度灵活、按需调配的网络服务，从而提升运营商的网络价值和变现能力，并助力各行各业实现数字化转型。

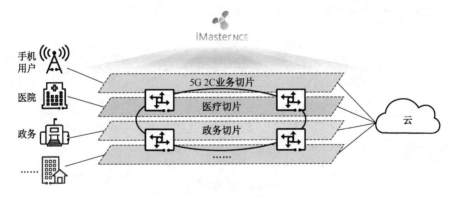

图 4-5　行业网络切片

网络切片应用

中国移动基于网络切片技术发布了以专网为主的优享模式、专享模式和尊享模式服务。

优享模式适用于最低要求的 ToB 业务，与海量 ToC 用户流量隔离，适合自身对独立网络资源不敏感的中小企业，如图 4-6 所示。

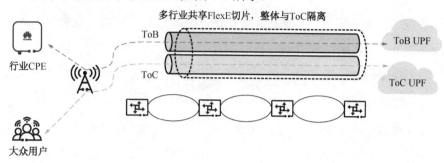

图 4-6　优享模式

专享模式适用于单行业独立管道或单行业中关键业务独立管道，可保障丢包率和时延，如远程生产控制业务等，如图 4-7 所示。

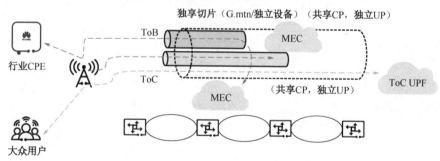

图 4-7　专享模式

尊享模式在专享模式的基础上，提供更严格的安全隔离，适用于涉及人身安全、核心价值、强体验的业务及金融类业务等，如图 4-8 所示。

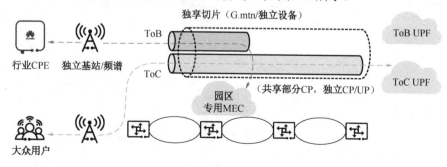

图 4-8　尊享模式

网络切片架构

网络切片涉及无线网、承载网和核心网，需要实现端到端协同管控。因此，网络切片管理包括无线网、承载网、核心网几个子切片，分为纵向和横向两个维度。先在纵向实现无线网、承载网、核心网子切片自身的管理功能，再在横向组成各个功能端到端的网络切片，即"横向协同，纵向到底"。

网络切片的实现分为转发平面和控制平面，转发平面有 IP 层硬管道（硬隔离）和 IP 层软管道（层次化 QoS 调度），控制平面实现各切片间不同的逻辑拓扑及智能选路。

SPN 网络切片架构如图 4-9 所示。

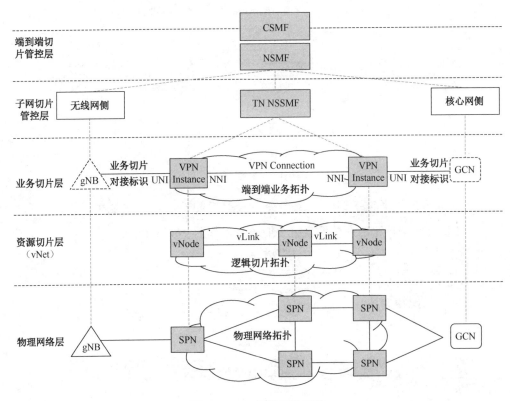

图 4-9　SPN 网络切片架构

端到端切片生命周期管理架构主要包括以下几个关键部件。

● CSMF（Communication Service Management Function，通信服务管理功能）是切片设计的入口，负责将通信业务相关需求转化为网片相关需求，并传递到 NSMF 进行网络设计。CSMF 功能一般由运营商 BSS 集成改造提供。

● NSMF（Network Slice Management Function，网络切片管理功能）负责端到端的切片管理与设计。从 CSMF 接收到端到端网络切片需求后，产生一个切片的实例，根据网络的能力进行分解和组合，将网络的部署需求传递到 TN NSSMF。NSMF 功能一般由跨域切片管理器提供。

NCE 中的网络切片管控界面如图 4-10 所示。

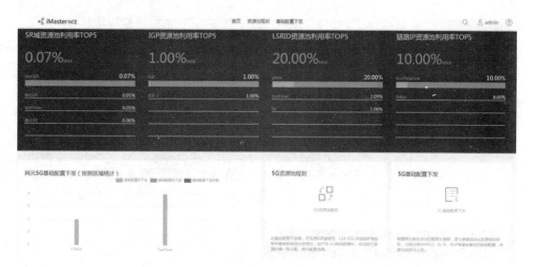

图 4-10   网络切片管控界面

● TN NSSMF（Transport Network-Network Slice Subnet Management Function，承载网的切片子网管理功能）负责承载网的切片管理与设计，一般是 NCE。TN NSSMF 将子网的能力上报给 NSMF，得到 NSMF 的分解部署需求后，实现子网内的自治部署和使能，并在运行过程中对子网的切片网络进行管理和监控。

通过 CSMF、NSMF 和 TN NSSMF 的分解与协同，完成端到端切片网络的设计和实例化部署，它们属于网络切片的控制平面。

物理网络层为网络切片提供物理设备，以及物理设备间的物理链路。

业务切片层接入客户业务，通过资源切片层承载客户业务，它们属于网络切片的转发平面。如表 4-2 所示，不同切片技术对应的切片能力不同。

表 4-2　SPN 网络切片构成及承载技术

切片层次	切片构成	对应承载技术	切片能力
业务切片层	业务切片实例（VPN Instance）	L3VPN 业务 VRF、E-LAN 业务 VSI、E-Line 业务 VPN 等，对应切片分组层的客户业务子层	基于分组 VPN 的切片隔离能力，如地址空间、QoS 资源等
	业务切片连接（VPN Connection）	MPLS 隧道（PW/MPLS-TP/SR-TP/SR-BE）等，对应切片分组层的网络传送子层	
资源切片层	虚拟节点（vNode）	物理网元、虚拟网元（待研究）	基于物理端口的硬隔离
	虚拟链路（vLink）	普通以太网接口	
		MTN Client 接口	基于 MTN 接口的硬隔离
		VLAN 子接口	基于 VLAN 的隔离
		MTN 通道层	基于 MTN 通道层的硬隔离

📖 **说明**

当资源切片层仅承载一个业务切片层 VPN 业务时，可为客户业务提供硬切片隔离能力，即独享 G.mtn 分组；当资源切片层承载多个业务切片层 VPN 业务时，为客户业务提供共享的软切片隔离能力，即共享 G.mtn 分组。

如图 4-11 所示，SPN 从技术能力上能够支持硬切片和软切片，通过切片以太网 TDM 通道实现硬切片隔离；通过以太网包交换通道，实现基于 SR 的包交换通道，再通过 QoS 实现软切片隔离。

默认切片通过调整 DSCP 优先级保障优先通过，适用于切片要求不高的用户。

分组+MTN 接口切片在共享的 TDM 切片中，不同的 L3VPN 切片用户通过 VPN 隔离，通过 CIR 配置保障带宽，适用于对切片要求较高的用户。

MTN 通道切片通过一条端到端独享的硬切片通道，提供 TDM 隔离、超低时延和带宽等各项功能保障，适用于对切片要求很高的客户。

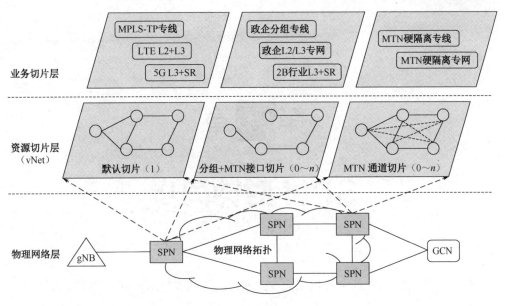

图 4-11 切片承载实现方式

第 5 章

SPN 时钟同步

本章介绍 SPN 承载网主流频率同步技术、时间同步技术，以及 SPN 超高精度时间同步技术。

5.1 时钟同步概述

5.2 频率同步技术

5.3 时间同步技术

5.4 超高精度时间同步

5.1 时钟同步概述

5G 基本业务采用 TDD 制式。TDD 基站之间上下行信号相互干扰，要求各基站之间有严格的同步关系，以确保各基站上下行切换的时间点一致。如果出现不同步的情况，会造成整网业务丢包或者误码，由此可见同步在网络中的重要性。

同步的重要性

以当前热门的无人驾驶为例，如图 5-1 所示，当车辆前后的雷达探头和倒车影像获得高精度时间同步后，可精准定位车前障碍物，及时避开；车辆之间也能准确感知对方的具体位置，从而能够相互避让，避免碰撞。

图 5-1　无人驾驶场景

假设有一辆无人驾驶车在弯道上高速行驶，同车道前方有一个静止的障碍物，车辆在 t_1 时刻识别出这个障碍物，在 t_2 时刻高精度地图根据定位结果给出周边地图信息，如果不考虑时间同步，认知环节会直接将这两个信息通过坐标转换叠加在一起，然后得出障碍物压着车道线的结论，从而做出错误的决策——原本应该直接减速停车或往右换道避障，结果可能做出往左车道内避障的动作。

什么是同步

同步是指设备和设备，或者设备和标准同步源（如卫星同步源、国家天文台）的频率或时间是相同的。从严格意义上来说，频率或时间不可能是绝对相同的。在应用场景中，当两个设备之间的时间差值或频率差值小于某个值时，就可以称之为频率同步（Frequency Synchronization）或时间同步（Time Synchronization）。

● 频率同步：频率同步就是时钟同步，信号之间在频率或相位上保持某种严格的特定关系，在相对应的有效瞬间以同一平均速率出现，以维持通信网络中所有的设备以相同的速率运行。

数字通信网中传递的是对信息进行编码后得到的 PCM（Pulse Code Modulation）

离散脉冲。若两个数字交换设备之间的时钟频率不一致，或者由于数字比特流在传输中因干扰损伤而叠加了相位漂移和抖动，就会在数字交换系统的缓冲存储器中产生码元的丢失或重复，导致在传输的比特流中出现滑动损伤。

- 时间同步：通常所说的"时间"有两种含义，即时刻和时间间隔。前者指连续流逝的时间的某一瞬间，后者指两个瞬间之间的间隔。时间同步的操作就是按照接收到的时间来调控设备内部的时钟和时刻。

时间同步的调控原理与频率同步的调控原理相似，它既调控时钟的频率，又调控时钟的相位，同时用数值表示时钟的相位，即时刻。

时间同步是接收非连续的时间参考源信息校准设备时间，使时刻达到同步；而时钟同步是跟踪时钟源达到频率同步。

时间同步有两个主要的功能：授时和守时。通俗地讲，授时就是"对表"，通过不定期的对表动作，使本地时刻与标准时刻相位同步；守时就是前面提到的频率同步，保证在对表的间隙里，本地时刻与标准时刻偏差不会太大。

时间同步和频率同步

如图 5-2 所示，两个表（Watch A 与 Watch B）每时每刻的时间都保持一致，这个状态称为时间同步；两个表的时间不一样，但是保持一个恒定的差值，如 6 小时，那么这个状态称为频率同步。

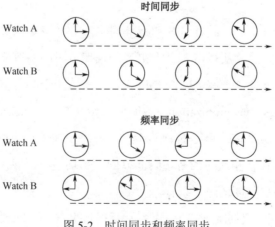

图 5-2　时间同步和频率同步

时钟源

为本地设备提供时钟信号的设备称为时钟源。本地设备可以有多个时钟源，时钟源可以分为以下几种。

- 外部时钟源：通过时钟板提供的时钟接口，跟踪更高级别的时钟。例如，GPS（Global Positioning System，全球卫星定位系统）时钟和 BITS（Building Integrated Timing Supply，通信楼定时供给系统）时钟。下文简称外时钟。
- 线路时钟源：由时钟板从 STM-N 线路信号或以太网线路码流中提取时钟信号。
- 设备内部时钟源：使用本设备提供的基准时钟（如时钟板提供的时钟），作为本端口的工作时钟。

GPS 泛指卫星同步系统，严格来讲为 GNSS（Global Navigation Satellite System，全球导航卫星系统），可为基站提供基于卫星网络的时钟方案。BITS 接收来自基准时钟信号的同步信息，并向所有被同步的数字设备提供各种定时信号，传输距离较短，一般只给同一大楼的设备提供时钟源信号。

长期以来，运营商主要采用在基站加装卫星接收机的方式满足移动通信系统的同步需求。但是，在卫星信号难以覆盖的区域（如地铁、地下车库、部分城区高楼、山洞、矿井等），需要利用地面同步组网方式解决基站同步问题。

5.2 频率同步技术

SPN 最主流的频率同步技术是同步以太网技术。如图 5-3 所示，同步以太网技术是一种通过以太网物理层时钟实现频率同步的技术，类似于 SDH 时钟。同步以太网技术从以太网线路上的串行码流里提取时钟信号。经过选源后，时钟锁相环跟踪其中一个以太网线路时钟，产生系统时钟。将系统时钟作为以太网物理层发送时钟用于发送数据，从而实现时钟向下级传递。

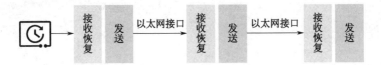

图 5-3　同步以太网技术

由于以太网是一个异步系统，不需要高精度时钟也能正常工作，所以一般的以太网设备都不提供高精度时钟。但是在物理层，以太网与 SDH 一样采用串行码流方式传输，接收端必须具备时钟恢复功能，否则无法通信。

从纯技术角度分析，以太网物理层提取时钟信号的精确度甚至是超过 SDH 的。从线路码流中提取时钟信号的前提是码流必须保持足够的时钟跳变信息，简言之，码流要避免连 1 或连 0。SDH 技术的做法是做一次随机扰码，虽然这样能大大降低连 1 或连 0 的概率，但连 1 或连 0 还是会出现。而以太网的物理层编码是 4B/5B（FE）、8B/10B（GE）、64B/66B（10GE）等。例如，4B/5B 编码平均每 4bit 就要插入一个附加 bit，这样绝对不会出现连续 4 个 1 或 4 个 0，更加便于提取时钟信号。

如图 5-4 所示，SPN 网络要想通过同步以太网技术实现同步，就要求 SPN 设备时钟处理模块单元跟踪物理接口恢复出的时钟产生系统时钟，然后用这个系统时钟来发送业务报文，使 SPN 网络的每个节点都通过以太网物理层时钟的传递达到同步。当所有网元都与时钟源同步时，这个网络中的 SPN 设备就达到了同步。

支持同步以太网的设备称为 EEC（Synchronous Ethernet Equipment Clock，同步以太网设备时钟）设备。该设备需要支持一个时钟模块（时钟板），统一输出一个高精度系统时钟给所有的以太网接口卡，以太网接口卡的 PHY 利用高精度时钟将数据发送出去。在接收端，以太网接口的 PHY 将时钟恢复出来，分频后上报给时钟板。时钟板判断各个接口上报时钟的质量，选择一个精度最高的时钟，使设备时钟与其同步。

为了正确选择时钟源，在传递时钟信息的同时，必须传递时钟质量信息（Synchronization Status Message，SSM）。对于 SDH 网络，时钟质量（等级）是通过 SDH 中的带外开销字节来体现的。以太网没有带外通道，它通过构造专用的 SSM 报文的方式通告下游设备。

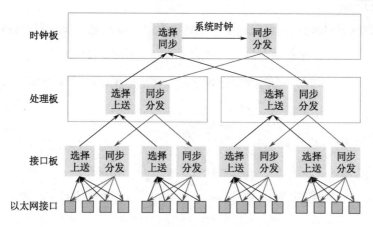

图 5-4　同步以太网设备时钟

利用同步以太网传递时钟的机制是成熟的，实现方式简单，恢复出来的时钟性能可靠，能够满足基站需求，而且不会受网络负载变化的影响。同步以太网在部署上有一定的要求，时钟的传递是基于链路的，它原则上要求时钟路径上的所有节点都具备同步以太网特性，才能实现整网的时钟同步，并且只能实现频率同步。

📖 **说明**

ITU-T G.8261 标准描述了同步以太网的基本概念，它是 ITU-T 应用于包网络同步的第一个详细建议。ITU-T G.8262 标准描述了对同步以太网时钟的性能要求，如果时钟内嵌在以太网单元中，可以通过以太网物理层传送网络追踪定时。

5.3　时间同步技术

IEEE 1588v2 是网络测量和控制系统的精密时钟同步协议标准，定义了以太网的 PTP（Precision Time Protocol，精确时间协议），精度可以达到亚微秒级，可实现频率同步和时间同步。

PTP 时钟从通信关系上可分为主时钟和从时钟。

● 主时钟（Grandmaster Clock，GMC）：它是整个 PTP 域的时间基准，发送校时用的时间信息。

● 从时钟（Slave Clock，SC）：根据收到的时间信息，保持和主时钟的同步。

理论上，任何时钟都能实现主时钟和从时钟的功能，但一个 PTP 通信子网内只能有一个主时钟。PTP 中的定时信号被放在专门的时间戳消息中，如图 5-5 所示。

图 5-5　IEEE 1588v2 的 PTP 实现

如图 5-6 所示，IEEE 1588v2 将整个网络内的时钟分为三类。

● 普通时钟（Ordinary Clock，OC）：仅有一个物理接口同网络通信，既可以作为主时钟，也可以作为从时钟。

● 边界时钟（Boundary Clock，BC）：有多个物理接口同网络通信，每个物理端口都同普通时钟一样，可以连接多个子域，可以作为中间转换设备。边界时钟通常用在确定性较差的网络设备（如交换机和路由器）上。

● 透明时钟（Transparent Clock，TC）：有多个通信端口转发所有 PTP 消息，测量 PTP 事件消息经过设备的驻留时间，并进行修正。

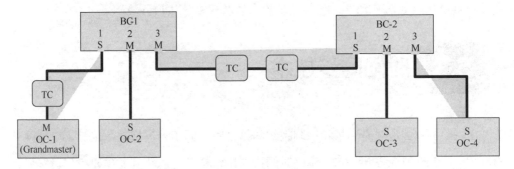

图 5-6　IEEE 1588v2 规定的三类时钟

OC 和 BC 的每个端口都维护一个独立的 PTP 状态机，状态机定义了端口允许的状态和状态间的转换规则。端口有如下三种状态。

● Master：端口为该路径上的下游设备提供时间源。

- Slave：端口和该路径上为 Master 状态端口的上游设备同步。

- Passive：端口在路径上既不为 Master 状态，也不和 Master 同步。备份端口会出现这种状态。

整个系统中的最优时钟为 GMC（Grandmaster Clock，最高级时钟），它具有最好的稳定性、精确性、确定性等。根据各节点上时钟的精度和级别，以及 UTC（Coordinated Universal Time，通用协调时间）的可追溯性等特性，由 BMCA（Best Master Clock Algorithm，最佳主时钟算法）自动选择各子网内的主时钟。在只有一个子网的系统中，主时钟就是 GMC。每个系统只有一个 GMC，且每个子网内只有一个主时钟，从时钟与主时钟保持同步。

BMCA 通过比较两个时钟的描述数据来确定哪个数据描述的时钟质量更好，从而选取时钟源，它由两部分组成。

- 数据集比较算法（Data Set Comparison Algorithm）：网元确定哪个时钟更好，选取好的时钟作为时钟源。对于同一网元，若有两路或多路来自同一 GMC 的时钟信号，则选取到达本网元经过节点最少的一路 GMC 作为本网元的时钟源。

- 状态决定算法（State Decision Algorithm）：根据数据集比较算法比较的结果，决定端口的下一个状态。

BMCA 是 PTP 的主时钟选择机制。在系统启动之初，所有设备都可以通过发送 Announce 报文，参与 Grandmaster 的"竞选"，Announce 报文中含有参选设备的时钟信息（相当于竞选宣言），一旦参选设备发现自己的时钟不具备优势，就会主动退出主时钟竞选。BMCA 是一种"能者优先"机制，选出的 GMC 一般是具有更高精度的本地时钟，并且能够和格林尼治标准时间保持同步（如 GPS 同步）。

IEEE 1588v2 报文通常有 4 种：Sync（同步）、Follow_Up（跟随）、Delay_Request（延迟请求）和 Delay_Response（延迟应答）。IEEE 1588v2 报文类型和作用如表 5-1 所示。

表 5-1 IEEE 1588v2 报文类型和作用

报文类型	作用
Sync	由 Master 发送到 Slave，携带 Master 打的 t_1 时间戳 Sync 报文发送方式可分为单步和双步 • 单步：Sync 报文带有本报文发送时刻的时间戳 • 双步：Sync 报文并不带有本报文发送时刻的时间戳，只是记录本报文发送的时间，由后续报文（Follow_Up 报文）带上该报文发送时刻的时间戳
Follow_Up	Follow_Up 报文是在双步方式下出现的。从 Master 向 Slave 发送 Sync 报文后会再发送一个 Follow_Up 报文，携带 Master 打的 t_1 时间戳
Delay_Request	由 Slave 发送到 Master，携带 Slave 打的 t_3 时间戳
Delay_Response	由 Master 发送到 Slave，携带 Master 打的 t_4 时间戳和请求的端口 ID

下面以 Delay Request-Response 机制为例，简单介绍一下 IEEE 1588v2 时间同步原理，具体如图 5-7 所示。

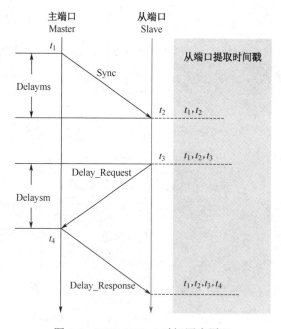

图 5-7 IEEE 1588v2 时间同步原理

Master 和 Slave 之间的报文交互过程描述如下：

1. Master 在 t_1 时刻发送 Sync 报文，并将 t_1 时间戳携带在报文中。

2. Slave 在 t_2 时刻接收到 Sync 报文，在本地产生 t_2 时间戳，并从报文中提取 t_1

时间戳。

3．Slave 在 t_3 时刻发送 Delay_Request 报文，并在本地产生 t_3 时间戳。

4．Master 在 t_4 时刻接收到 Delay_Request 报文，并在本地产生 t_4 时间戳，然后将 t_4 时间戳携带在 Delay_Response 报文中，回传给 Slave。

5．Slave 接收到 Delay_Response 报文，从报文中提取 t_4 时间戳。

假设从 Master 到 Slave 的发送路径延时是 Delayms，从 Slave 到 Master 的发送路径延时是 Delaysm，Slave 和 Master 之间的时间偏差为 Offset，那么：

```
t₂-t₁=Delayms+Offset
t₄-t₃=Delaysm-Offset
(t₂-t₁)-(t₄-t₃)=(Delayms+Offset)-(Delaysm-Offset)
Offset=[(t₂-t₁)-(t₄-t₃)-(Delayms-Delaysm)]/2
```

时间同步是建立在 Master 和 Slave 之间的收发链路延时对称的基础上的，如果 Master 和 Slave 之间的收发链路延时不对称，将引入同步误差，误差的大小为链路延时差值的二分之一。

📖 **说明**

ITU-T G.8275.1 标准以 IEEE 1588v2 标准为基础，在 BMCA、时钟质量参数、报文封装等方面做了优化和限定。

IEEE 1588v2 标准可以应用于电力、测量控制和电信等诸多领域，而 ITU-T G.8275.1 标准是电信领域专用的协议。通过部署采用此标准的设备，网络运营商在进行网络设计时，能够把相邻基站之间的最大时间误差限制在 500 ns 以内。

5.4 超高精度时间同步

ITU-T G.8272.1 定义的 ePRTC（enhanced Primary Reference Time Clock，增强型基准定时参考时钟）同步精度可达到±30ns。超高精度时间同步需要采用新型卫星接收技术和高稳定频率源技术来实现。

新型卫星接收技术：通过共模共视或双频段接收等降低卫星接收噪声，提升卫星授时的精度。如图 5-8 所示，GNSS 卫星时间同步主要部署在基站 BBU 上，基站 BBU 配置卫星接收模块，通过馈线连接到户外的 GNSS 天线，GNSS 卫星包括美国的 GPS 和中国的北斗等，时间同步精度通常在±100ns。

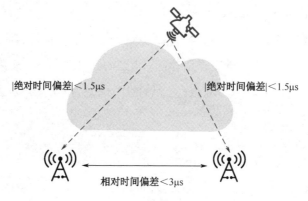

图 5-8　新型卫星接收技术

3GPP 定义的 5G 新频谱要采用 TDD 制式，5G TDD 业务基本维持和 4G TDD 业务相同的同步精度（单个基站相对于基准的偏差在±1.5μs）。如果|绝对时间偏差|＞1.5μs，将会造成以下后果。

● 基站间干扰：对相邻站点会造成干扰，可能导致大量用户无法连接上网络。

● 影响范围广：时间同步异常站点周边的所有站点都会受到影响，影响范围和基站部署地形、天线高度、天线仰角等有关。

高稳定频率源技术：从单一时钟过渡到时钟组，如铷钟组，提高稳定性，以及丢失卫星的时间保持能力。

SPN 网络采用的时间同步指标如表 5-2 所示。

表 5-2　时间同步指标

时间基准源	传送网络	基站	总体同步指标
±50ns	±200ns	±50ns	±300ns

承载网的指标分配如下：每节点（单设备）±5ns，支持同步链路 20 跳，同步情况下占用同步指标配额±100ns。余下配额±100ns，用于保护时的路径迂回、故障时的保持、链路噪声等冗余考虑。

时钟误差主要来源于如下几个方面。

- 时间戳精度：时间戳用于记录事件报文发出和到达的时刻，其精度直接影响同步计算结果，进而影响系统时间同步精度。

- 物理层频率误差：节点通过线路接口获取上游线路时钟并跟踪锁定。节点物理层相对上游节点的频率误差，主要影响节点守时的稳定性和同步测量误差。

- PHY 层不对称性：时间戳单元设置的位置在 PHY 层，PHY 层上发送和接收方向的延时不对称，会使路径测量产生较大误差，影响最终的同步计算结果。

- 系统内部延时：系统内部延时是指时钟信号由主时钟模块发送到线路盘同步模块的过程中，路径上背板连线、芯片等造成的延时。该延时随着芯片的离散性和温度特性不同而发生变化。它会造成线路接口的时间信息与主时钟模块存在差异，导致基于时间戳的路径延时测量结果不准确，从而影响同步精度。

- 链路不对称性：链路不对称性是指主从节点之间双向光纤长短不一致，造成双向延时不一致。而这种不一致目前无法识别和消除。通常上下路径 1m 的不对称，会造成 2.5ns 的同步测量误差。

为了面向未来满足 5G+ 业务需求，SPN 支持精度高达 ±5ns 的 PTP 超高精度时间同步需求和新的最佳主时钟算法（参考《中国移动超高精度时间同步接口规范》）。提升 PTP 时间同步性能的方法主要有以下几个。

- 采用超高精度时间同步技术，它与高精度时间同步技术的比较如表 5-3 所示。

表 5-3　高精度时间同步技术和超高精度时间同步技术的比较

类型	鉴相方案	打戳方案	打戳误差
高精度时间同步	采用 TDC（Time-to-Digital Converter，时间数字转换器）技术，可以精确量化一个时钟周期内的鉴相和误差，精度可以达到皮秒（ps）	采用 RTC（Real-Time Clock，实时时钟）计数照相打戳方式获取时间戳	一个 RTC 计数时钟周期内的相位误差无法量化，会引入一个时钟周期的打戳误差。以 300M 鉴相器工作时钟和 125M RTC 工作时钟为例，鉴相和打戳误差为 11ns 左右
超高精度时间同步	TDC	TDC	基本消除鉴相和打戳误差

- 采用设备内部 PHY 层芯片延时精确测量和补偿技术，减小静态时间偏差。
- 优化网络结构，打时间戳的参考点进一步向光口靠近，以减少设备内部时延抖动或非对称带来的时间误差。

第6章

SPN 智能检测

OAM 一般指用于网络故障检测、网络故障隔离、网络故障上报及网络性能检测的工具，被广泛应用于网络运维和管理活动中。传统检测技术受限于测量精度、检测能力、适用场景等方面的不足，已无法满足新一代 SPN 承载网对网络运维的基本诉求。构建新一代智能检测技术，提供网络 SLA 可视、自动化运维能力是未来 SPN 网络运维的基础。

本章对业界主流的网络性能检测技术进行对比，并结合 SPN 网络特点，总结 In-band OAM（In-band Operations Administration&Maintenance，随流带内检测）技术的优势，进而介绍其实现原理和相关应用。

6.1 智能检测技术概述

6.2 SPN 检测技术

6.3 IOAM 检测原理

6.4 IOAM 技术应用

6.1 智能检测技术概述

网络性能检测技术是电信领域与互联网领域的共同研究热点。各种网络性能检测技术通过测量、采集网络性能数据，对网络运行状态进行监控、分析、评价、调整，以提供长期稳定、可靠的网络服务。

根据检测模式不同，网络性能检测技术分为带内检测和带外检测。如图 6-1 所示，如果把网络中的业务流看作车道上行驶的车辆，那么带外检测技术就好比在道路两旁定点设置监控探头，其收集的数据有限且存在盲区，不足以还原车辆完整的运行轨迹；带内检测技术则好比为车辆安装了定位模块，能够收集车辆的全部行驶信息，可以实现对车辆的实时定位及准确的路径还原。

（a）带外检测　　　　　　　（b）带内检测

图 6-1　带外检测与带内检测

现有的带外检测技术的代表是 TWAMP（Two-Way Active Measurement Protocol，双向主动测量协议），带内检测技术包括早期的 IP FPM（IP Flow Performance Measurement，IP 流性能监控）和近年来业界出现的 In-situ OAM（In-situ Operation, Administration and Maintenance，随流操作、管理和维护）等。

网络性能检测技术的比较如表 6-1 所示。

表 6-1　网络性能检测技术的比较

OAM 类型	特点	检测精度
RFC 2544	即 RFC 2544 规范，最初主要用于离线测试以太网设备的各项性能指标（极限指标），如时延、抖动、吞吐量等。主要用于设备或网络极限指标的测试场景，如开局等场景。RFC 2544 是通用流测试，可基于 L2/L3/L4 等各种报文进行端到端测试	低
TWAMP	基于 IP 流测试，可以用于 L3 网络、L2 网络（U 侧虚拟 L3 接口）场景检测，不支持逐跳检测。由于是主动测量，所以丢包率不能反映实际流量情况。基于 IP 的通用机制，易于网络部署及异厂家对接	低

续表

OAM 类型	特点	检测精度
Y.1564	即 ITU Y.1564，其测试原理与 RFC 2544 类似，只是具有更高的测试效率，测试结果可直接提供网络级 SLA，得到网络时延、抖动、带宽、丢包率等性能指标。可基于 L2/L3/L4 等各种报文进行端到端测试	低
CFM LM	仅支持二层网络业务级检测，无法穿越 L3 网络。检测粒度为接口/子接口级，场景适用性较差	中
MPLS-TP LM	仅支持网络侧管道级端到端检测，不支持基于用户流测试，监控粒度粗。适用于简单故障定位场景	中
IP FPM	IP FPM 是一种轻量级随流检测技术，可支持点到点、点到多点等场景，具备端到端、逐跳检测能力，检测精度较高。但由于扩展性较差，部署较困难，难以大规模使用	中
In-situ OAM	一种检测功能丰富的随流检测技术，支持业务级丢包/时延/抖动、统计计数、跟踪转发路径等多种功能，具备端到端、逐跳检测能力，同时支持扩展自定义性能项，为设备提供私有化性能项的检测	高
In-band OAM	一种轻量级随流检测技术，提供业务级丢包/时延/抖动、实时流量等功能，具备端到端、逐跳检测能力，同时具备扩展能力，可满足未来长期演进	高

RFC 2544、TWAMP 和 Y.1564 由于精度不足，网络感知度低，通常用于网络粗评，无法满足精细化应用需求。CFM LM 仅适用于 L2 网络，MPLS-TP LM 仅适用于隧道、伪线等管道级测量，且均不支持逐段检测，适用场景及检测能力均存在一定限制。新一代随流检测技术中，IP FPM 可部署性较差，In-situ OAM 在大型 SPN 城域网络中存在效率低、数据处理量超大等劣势。

综合来看，In-band OAM 在业务场景、测量精度、逐跳能力、性能效率、可扩展性方面显示出明显的优越性。

6.2 SPN 检测技术

In-band OAM（简称 IOAM）技术基于 RFC 8321（Alternate-Marking Method for Passive and Hybrid Performance Monitoring），是一种对实际业务流进行特征标记

（染色），并对特征字段进行丢包、时延测量的随流检测技术。

IOAM 技术原理与 IP FPM 技术类似，均采用周期交替染色方式进行测量。所谓染色，就是对报文进行特征标记，IOAM 通过将丢包染色位 L 和时延染色位 D 置 0 或置 1 来实现对特征字段的标记。IOAM 吸收了 IP FPM、In-situ OAM 等技术的优点，保留了 IP FPM 技术轻量级的染色机制，同时增加了 IOAM 扩展头，具有与客户业务报文类型无关、增加了扩展能力等优点。

IOAM 与 IP FPM 的对比如图 6-2 所示，二者的主要差异表现在以下几方面。

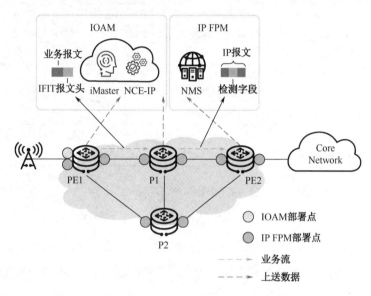

图 6-2　IOAM 与 IP FPM 的对比

- 在业务部署方面，IOAM 支持控制器事先获取全网拓扑结构，通过将上报节点的设备标识、接口标识等信息映射到网络拓扑上实现路径的自动发现。IOAM 只需在头节点配置，降低了 IP FPM 逐点配置带来的部署难度，使部署效率提升 80%。

- 在扩展性方面，IOAM 通过为业务流增加报文头实现随流检测的方法，相较于 IP FPM 基于 IP 报文现有字段的实现方法，提高了可扩展性，可以满足未来网络的长期演进。

IOAM 与 In-situ OAM 的对比如图 6-3 所示，二者的主要差异表现在以下几方面。

● 在转发效率方面，IOAM 采用 Postcard 数据处理模式，相较于 In-situ OAM 采用的 Passport 模式，测量域中的每个节点在收到包含指令头的数据报文时不会将采集的数据记录在报文里，而是生成一个上送报文将采集的数据发送给收集器。在这种情况下，IOAM 报文头长度短且固定，降低了对设备转发平面效率的影响。

● 在检测范围方面，IOAM 通过上报每一跳信息支持逐跳的丢包检测，可以对具体的丢包位置进行解析。

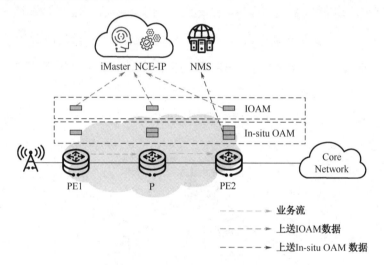

图 6-3　IOAM 与 In-situ OAM 的对比

表 6-2 进一步对上述不同类型被动检测 OAM 技术做了对比，从中可以看出，IOAM 在多个方面均展现出优势。

表 6-2　不同 OAM 技术的对比

对比项	IP FPM	In-situ OAM	IOAM
部署难度	高	低	低
逐跳检测	支持	不支持逐跳丢包检测	支持
转发平面效率	中等	低	高
数据采集压力	小	大	仅使用染色功能：小 使用扩展功能：大
可扩展性	基于 IP 报文头现有字段，扩展能力差	扩展能力强	扩展能力强

结合 SPN 网络提出的网络 SLA 可视、自动化运维能力的诉求，对比几种随流检测技术的优缺点可知，IOAM 技术更适合作为新一代 SPN 检测技术。

6.3 IOAM 检测原理

如图 6-4 所示，IOAM 支持业务流级的随流 SLA 检测，针对 L2VPN、L3VPN 业务流均可实现精准测量。IOAM 技术方案主要包括两大部分。

- **SPN 网元**：负责对业务流进行时延、丢包测量，并通过 Telemetry 将性能数据上报给管控系统。基于 OAM 周期染色原理，需要在 SPN 网元间实现时间同步，推荐使用 IEEE 1588v2 同步。
- **管控系统**：负责完成 IOAM 检测实例的部署、性能数据采集、分析计算及性能结果呈现。

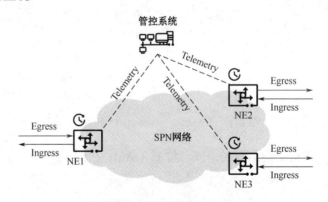

图 6-4　IOAM 测量模型

如图 6-5 所示，IOAM 对网络实际流量进行直接测量。对于给定网络，特定流（如 IP 五元组标识）在网络中存在若干 Ingress 与 Egress 节点，则该流在特定时间内（以单播为例）：

```
丢包数 = Ingress Count(NE1+NE2+NE3) - Egress Count(NE1+NE2+NE3)
NE1→NE2时延 = Egress Timestamp (NE2) - Ingress Timestamp (NE1)
NE1→NE3时延 = Egress Timestamp (NE3) - Ingress Timestamp (NE1)
```

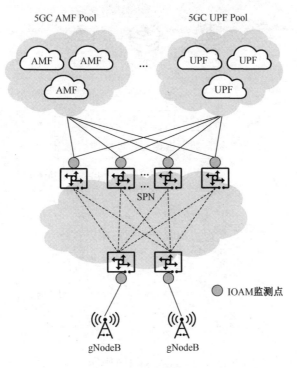

图 6-5 IOAM 监测点

SPN 网元对报文进行染色，并基于染色标记进行统计和时间戳记录，将结果通过 Telemetry 上报给管控系统，由管控系统计算业务流的丢包、时延指标。

丢包统计和时延统计

丢包率和时延是网络质量的两个重要指标。丢包率是指在转发过程中丢失的数据包数量占所发送数据包数量的比例，设备通过丢包统计功能可以统计某个测量周期内进入网络与离开网络的报文数量差。时延则是指数据包从网络的一端传送到另一端所需要的时间，设备通过时延统计功能可以对业务报文进行抽样，记录业务报文在网络中的实际转发时间，从而计算得出指定的业务流在网络中的传输时延。

IOAM 的丢包统计和时延统计功能通过对业务报文的交替染色来实现，其原理如图 6-6 所示。

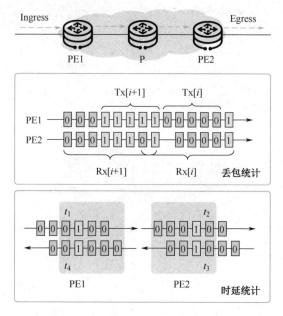

图 6-6　IOAM 丢包统计和时延统计原理

从 PE1 到 PE2 方向的 iFIT 丢包统计过程描述如下。

- **Ingress 端**：按照一定时间周期对被检测流的标记字段进行交替染色，同时统计本周期的染色报文数量，统计结果通过 Telemetry 上报给管控系统。

- **Egress 端**：按照 Ingress 端相同的周期，统计本周期特征业务流染色报文数量，并上报给管控系统。Egress 端统计的时间周期应在 1 个与 2 个 Ingress 端时间周期之间，以容忍 Ingress、Egress 网元之间的时间偏差，同时保证乱序报文可被正确统计。

管控系统根据 Ingress、Egress 上报的统计信息，计算业务流在周期 i 的丢包数：

```
PacketLoss[i] = Egress Count[i]-Ingress Count[i]
```

为确保 Ingress、Egress 按相同时间周期统计染色报文，网元间须满足大致时间同步。建议同步精度不超过染色周期的 1/3（例如，当染色周期为 10s 时，网元间时间同步精度在 3.3s 以内）。

从 PE1 到 PE2 方向的 iFIT 时延统计过程描述如下。

● **Ingress 端**：每个测量周期选择其中一个报文进行时延染色，记录该报文的入口时间戳 T_1、T_3，并上报给管控系统。

● **Egress 端**：按照 Ingress 端相同的周期，记录各测量周期时延染色报文的出口时间戳 T_2、T_4，并上报给管控系统。

管控系统根据 Ingress、Egress 上报的时间戳信息，计算业务流在周期 i 两个方向的单向时延：

NE1→NE2单向时延Delay[i] = T_2 - T_1

NE2→NE1单向时延Delay[i] = T_4 - T_3

基于 IEEE 1588v2 时间同步向无线基站传递备用时间是 SPN 网络的基础能力。建议通过部署 IEEE 1588v2 同时满足 IOAM、基站对时间同步的需求。

报文封装

在业务场景中，IOAM 报文头信息被封装在实际业务报文中，如图 6-7 所示，IOAM 报文头被指定的网元节点接收并处理。运维人员只需要在指定的具备 IOAM 数据收集能力的网元节点上进行性能测量，从而有效地兼容传统网络。

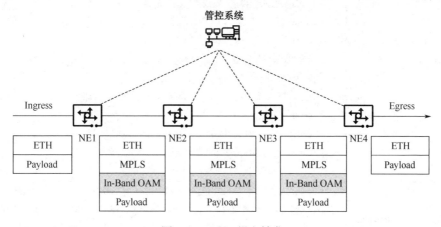

图 6-7　IOAM 报文转发

IOAM 报文头封装格式如图 6-8 所示。

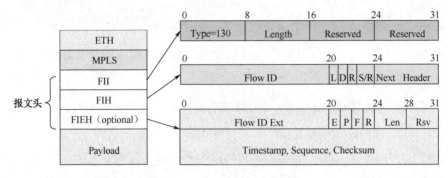

图 6-8　IOAM 报文头封装格式

主要字段描述如表 6-3 所示。

表 6-3　IOAM 报文头封装格式主要字段描述

字段	描述
FII（Flow Instruction Indicator，流指令标识）	FII 标识报文头的开端并定义了报文头的整体长度。其为 MPLS 保留标签（0～15），默认值为"0xC"，标签值可配置。为确保最大程度前向兼容，其格式符合 RFC 3032 标准
FIH（Flow Instruction Header，流指令头）	FIH 可以唯一地标识一条业务流，包括以下信息 • Flow ID：bit 0～19，用于唯一地标识一条业务流，Flow ID 必须在检测域内全网唯一。SPN 网元基于 Flow ID 进行业务流的识别 • L Flag：Loss Flag，丢包测量染色标记 • D Flag：Delay Flag，时延测量染色标记。1 表示需要测量时延，0 表示不需要测量时延 • R：保留位，用于未来扩展 • S/R：如果引导标签为栈底，则为 R 标识，默认置 1；如果引导标签为非栈底，则为 S 标识 • Header Type 类型指示：表示扩展数据类型，指示是否携带扩展头 － 0x00：保留 － 0x01：表示 FIH 为基本端到端检测信息，不携带扩展头 － 0x02：表示 FIH 为基本逐跳检测信息，不携带扩展头 － 0x03～0xFF：携带扩展头，FIEH 有效，预留扩展使用
FIEH（Flow Instruction Extension Header，流指令扩展头）	FIEH 通过 E 字段定义 E2E 和 Trace 两种检测模式。E2E 检测模式适用于需要对业务进行端到端整体质量监控的检测场景，Trace 检测模式则适用于需要对低质量业务进行逐跳定界或对 VIP 业务进行按需逐跳监控的检测场景。两者的区别在于是否对业务流途经的所有支持 IOAM 的节点使能 IOAM 能力 FIEH 通过 F 字段控制对业务流进行单向或双向检测。此外，还支持逐包检测、乱序检测等扩展功能

在 MPLS/MPLS-SR 场景中，为保证最大程度前向兼容，IOAM 报文头被封装在 MPLS 栈底与 MPLS 净荷之间。

在智能运维系统中，IOAM 通常采用 Telemetry 技术实时上送检测数据至 NCE 进行分析。Telemetry 是一项远程从物理设备或虚拟设备上高速采集数据的技术，设备通过推模式（Push Mode）周期性地主动向采集器上送接口流量统计、CPU 或内存数据等信息，相对于传统拉模式（Pull Mode）的一问一答式交互，推模式提供了更实时、更高速的数据采集功能。Telemetry 通过订阅不同的采样路径灵活采集数据，可以支撑 IOAM 管理更多设备及获取更高精度的检测数据，为网络问题的快速定位、网络质量的优化调整提供重要的大数据基础。如图 6-9 所示，Telemetry 支持 gRPC 和 UDP 两种传输格式。

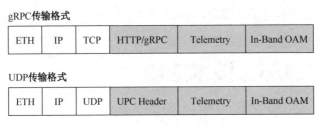

图 6-9　Telemetry 支持的传输格式

检测模式

现有检测方法中常见的检测模式一般有端到端（E2E）和逐跳（Trace）两种，端到端检测模式适用于需要对业务进行端到端整体质量监控的检测场景，逐跳检测模式则适用于需要对低质量业务进行逐跳定界或对 VIP 业务进行按需逐跳监控的检测场景。IOAM 同时支持端到端和逐跳两种检测模式。

端到端检测：IOAM 开启端到端检测时，仅对业务流在 Ingress 入口、Egress 出口进行性能测量，获得业务流端到端的 SLA 测量结果。端到端检测支持点到点、点到多点（如双归、ECMP、LAG）等场景。

逐跳检测：IOAM 开启逐跳检测时，将对业务流实际经过的每个网元入口、出口进行性能测量，可获得实时业务路径上逐个网元节点、逐段链路的 SLA 测量结果。逐跳检测支持点到点、点到多点（如双归、ECMP、LAG）等场景。

IOAM 当前支持的检测周期有 10s、30s、1min、5min，默认周期为 30s。检测周期可基于每个检测实例配置。

IOAM 支持智能学习。通过部署智能学习功能，IOAM 可对 SPN 网络业务流进行动态学习，自动建立检测实例。

- 当检测到业务 SLA 异常时，可自动开启 IOAM 逐跳诊断，实现故障自动定界。
- 当检测到业务流持续一段时间无流量时（如业务流路径切换），可自动触发检测实例老化，释放检测资源。

IOAM 智能学习可提供极简部署、故障快速感知/定界、资源最优利用等能力，是其区别于传统检测技术的主要特点。

6.4 IOAM 技术应用

IOAM 作为新一代随流检测技术，具有实时、高精度和支持业务流级检测等优点。利用 IOAM 的技术优势，可对 SPN 网络基站业务、专线业务进行精准 SLA 监控，实现全网 SLA 可维可视。基于全网 SLA 数据，结合大数据与人工智能技术，可构筑 SPN 网络新一代智能运维系统，实现网络自动化。

基站 SLA 可视

如图 6-10 所示，传统 PTN 网络运维主要依靠故障触发，被动接收用户、上下游客户的故障投诉，在故障发生频繁、排障周期长等不利条件下，会持续降低用户满意度。

为降低承载网故障，尤其是性能劣化类故障的发生频率，有必要对网络性能 KPI（时延、抖动、丢包率等）进行长期日常监控，当网络性能 KPI 出现异常迹象时，主动进行人工或自动干预，如主动调整业务路径等，提前处理可能出现的网络故障，降低网络故障发生率。通过对全网基站业务部署 IOAM 监控，可收集全网所有基站业务承载情况，实时掌控网络质量。

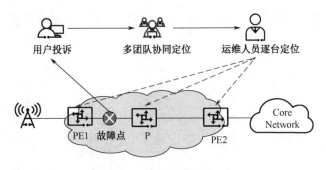

图 6-10　传统网络运维痛点

如图 6-11 所示，通过在核心落地 SPN 网元 UNI 侧接口部署动态流学习功能，由 SPN 网元自动监控业务流，自动生成客户业务流的 IP 地址，并生成基于基站 IP、核心网 IP 的 IOAM 监控实例。

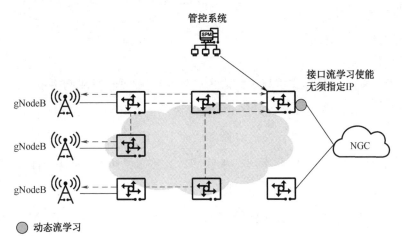

图 6-11　动态流学习

通过部署 IOAM 动态流学习功能，可实现以下目标。

● **极简部署**：仅在核心设备上部署自动流学习，即可监控全网基站 SLA。

● **节省资源**：基于实时流学习，流量切换后，检测资源自动老化，实现回收利用。

- **运维零接触**：核心网扩容、基站新建/迁移、流量路径变化等场景下，自动监控业务流，无须更改配置，大大降低运营支出（Operating Expense，OPEX）。

如图 6-12 所示，基于 IOAM 动态流学习功能，实现业务流的随流自动部署和随流检测。

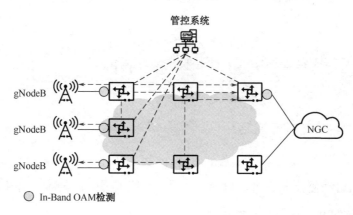

图 6-12　IOAM 检测

专线 SLA 可承诺

SPN 专线业务场景通常承载高价值客户业务。在传统 PTN 网络中，主要通过部署 QoS 策略，对专线业务承诺带宽进行保障。但在实际网络运行中，通常并没有合适的手段对这些专线业务进行性能监控，从而无法得知是否遵从定义的 SLA。当客户业务出现故障时，即使问题不出在承载网，也难以给出充足的理由自证清白，给网络运维带来不便。

SPN IOAM 可支持专线业务的精准 SLA 测量，通过对专线业务部署实时、长期的 IOAM 检测，获取专线业务实时 SLA 性能，具体如图 6-13 所示。

专线业务通常跨省干/国干承载，城域与省干、省干与国干之间使用 UNI 对接，无法进行完整的端到端检测，需要对城域、省干、国干分别进行检测。

- 城域部分建议按照业务粒度检测，将一个专线业务作为一个检测实例。
- 省干部分建议采用两种模式。通常情况下，按照城域到城域管道级流量进行检测，节省检测流数量；特殊场景下，如故障定界场景，按需针对具体专线业务（如通过两层 VLAN）进行检测，完成故障快速定界。

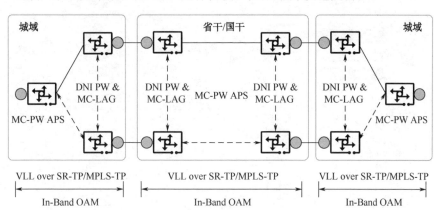

○ SPN In-Band OAM**检测**

图 6-13　专线业务 IOAM 检测

● 国干部分与省干部分类似，通常情况下，对省干之间的管道流量进行检测，按需对城域之间、城域某业务进行检测。

基于专线业务 SLA 测量结果，实时监控业务是否满足 SLA 要求，一旦出现丢包率、时延越限，则触发 IM 逐跳定界，排查故障原因，给出优化与修复建议，实现专线业务 SLA 保障。

网络智能运维

随着 5G 网络的迅速发展，各种不同场景的业务对承载网提出了不同的诉求，如业务快速部署、灵活连接、超大规模、切片隔离、低时延保障等。这些对网络自身的性能和运维效率均提出了挑战，网络复杂度已经超越人工处理的极限。大数据和人工智能（AI）技术的快速发展，为网络运维指出了新的方向，即网络智能运维。

网络智能运维如图 6-14 所示。

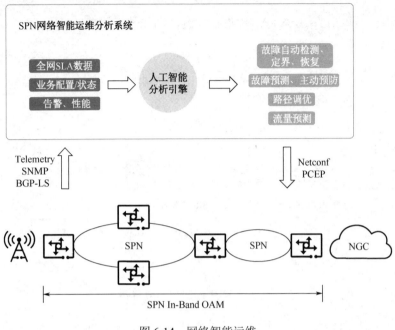

图 6-14　网络智能运维

SPN 网络智能运维分析系统主要分为系统输入、人工智能分析引擎、系统输出三大部分。

- 系统输入数据可以来自 SPN 网络性能、状态、告警等信息上报，也可以从管控系统中直接获取，如业务配置信息等。利用 IOAM 对全网基站进行业务测量，获取全网流量实时 SLA，是网络人工智能分析的重要基础。

- 人工智能分析引擎负责对系统接收的大量 SLA 数据、网元/链路状态、告警性能等进行分析，利用算法分析出各种可能的结果，并根据策略执行相应的动作，如故障自动定界及恢复、路径调优、流量预测等。

- SPN 网络接收并执行智能运维系统输出的动作，并将最新的网络性能/状态数据上报给智能运维系统作为新的输入，形成 E2E 闭环的智能运维系统。

网络智能运维是 SPN 网络新的研究方向之一，需要解决海量数据处理、人工智能算法模型、算法准确度等关键问题。

作为整个网络的智慧大脑，NCE 实现了物理网络与商业意图的有效连接，支撑了华为意图驱动的智简网络（Intent-Driven Network，IDN）的全面落地。NCE 包括四大关键能力：超大容量全云化平台、全生命周期自动化、基于大数据和 AI 的智能闭环，以及开放可编程使能场景化 App 生态。

- 超大容量全云化平台：基于 Cloud Native 的云化架构，NCE 支持在私有云、公有云中运行，也支持 On-premise 部署模式，具备超大容量和弹性可伸缩能力，使网络从数据分散、多级运维的离线模式转变为数据共享、流程打通的在线模式。

- 全生命周期自动化：以统一的资源建模和数据共享服务为基础，NCE 面向家庭宽带、企业互联、云互联、企业上云、移动承载等不同的商业场景推出系列化解决方案，提供跨多网络技术域的全生命周期的自动化能力，实现设备即插即用、网络即换即通、业务自助服务、故障自愈和风险预警。

- 基于大数据和 AI 的智能闭环：NCE 基于意图、自动化、分析和智能四大子引擎构建完整的智能化闭环系统。基于 Telemetry 采集并汇聚海量网络数据，NCE 实现实时网络态势感知，通过统一的数据建模实现基于大数据的网络全局分析和洞察，并注入基于华为 30 年电信领域经验积累的 AI 算法，面向用户意图进行自动化闭环的分析、预测和决策，早于客户投诉解决问题，减少业务中断和客户影响，大幅提升客户满意度，持续提升网络的智能化水平。

- 开放可编程使能场景化 App 生态：NCE 对外提供可编程的集成开发环境 Design Studio 和开发者社区，实现南向与第三方网络控制器或网络设备对接，北向与云端 AI 训练平台和 IT 应用快速集成，并允许客户灵活选购华为原生 App，客户可自行开发或寻求第三方系统集成商的支持进行 App 的创新与开发。

第 7 章

SPN 总体规划

好的网络规划是建立优良网络的前提。SPN 网络是一张综合承载网，对于不同承载业务，其网络规划也不同。本书基于现网经验，给出 SPN 网络规划中需要关注的内容，供读者参考。考虑到网络规划的复杂性，本书将 SPN 网络规划分为总体规划和业务设计两部分，本章主要介绍总体规划部分，包括网络基础配置规划、网络切片规划和时钟同步方案规划。

7.1　网络基础配置规划

7.2　网络切片规划

7.3　时钟同步方案规划

7.1　网络基础配置规划

网络基础配置规划是业务场景配置规划的基础，包括网元标识规划和协议规划。

7.1.1　网元标识规划

SPN 网络中需要对网元进行唯一标识，用于网络管理平面、控制平面中网元间的通信寻址，以及网元与 OMC 间的通信寻址。网元标识规划如表 7-1 所示。

表 7-1　网元标识规划

网元标识	用途	规划指导
NE ID	OMC 通过 NE ID 访问非网关网元。用户命令到达一个网元后，会根据目的 NE ID 查询管理平面路由表，找到其对应的目的 NE IP 后再进行转发	同一 OMC 管控域内唯一，不能冲突
NE IP	OMC 和非网关网元都需要通过 NE IP 与网关网元进行通信。NE IP 实际上就是主控板上管理网口的接口 IP	· 同一 OMC 管控域内唯一，不能冲突 · 所有网元 NE IP 子网掩码长度要一致 · 按地市或区县规划网段分配 NE IP
Node ID	Node ID 也称 LSR ID，相当于控制平面的网元 IP 地址，用于控制平面 DCN 通信	· 同一 OMC 管控域内唯一，不能冲突 · 按地市、区县规划网段分配 Node ID

7.1.2　协议规划

SPN 网络控制平面协议分为分布式控制平面协议和集中式控制平面协议。分布式控制平面协议为 IS-IS，用来提供对 SR-BE 隧道的控制能力、自动部署、自动保护功能，以及 SR-TP 隧道路径状态的实时检测能力。集中式控制平面协议主要包括 PCEP 和 BGP-LS，用来提供对 SR-TP 隧道实时路径的控制能力，包括 SR-TP 隧道部署过程中的路径计算和故障保护过程中的重路由功能。

IS-IS 协议规划

SPN 网络设备应支持 IS-IS 协议。设备通过 IS-IS 协议发现网络拓扑并获取实时拓扑状态，包括设备上下电、物理端口 Up/Down 状态变化、光纤/链路邻接关系变化等。

对于省干网，组网规模较小，可以规划一个独立的 IS-IS 域。对于城域网，组网规模大，需要在骨干汇聚设备进行 IS-IS 分层分域部署。基于 SPN 城域组网架构，SPN 城域网 IS-IS 分域部署方式如图 7-1 所示，全网规划一个核心 IS-IS 域和多个接入汇聚 IS-IS 域。核心层设备（城域核心设备、城域核心调度设备、骨干汇聚设备）

规划核心 IS-IS 域。骨干汇聚设备对其下挂的每个普通汇聚环和普通汇聚环下挂的所有接入环规划一个接入汇聚 IS-IS 域。

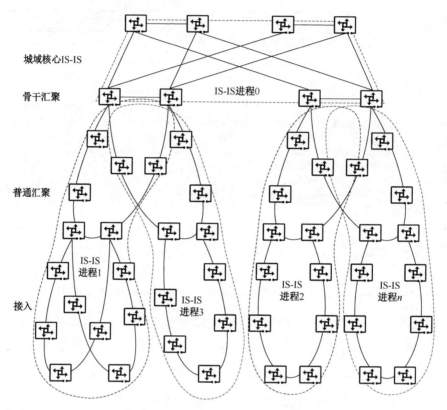

图 7-1　SPN 城域网 IS-IS 分域部署方式

为保证运行稳定性，需要合理规划单个 IS-IS 域的规模。

● 单个 IS-IS 域节点数不超过 512。

● 若骨干汇聚设备下挂多个汇聚环，多个汇聚环的节点总数不超过 2000。

BGP-LS 协议规划

SPN 网络设备与 OMC 间需要建立 BGP-LS 协议连接。如图 7-2 所示，网络设备通过 BGP-LS 协议将 IS-IS 域内发现到的网络拓扑状态实时反馈给 OMC 集中式控制平面，OMC 集中式控制平面基于最新的网络拓扑状态计算 SR-TP 隧道路径。

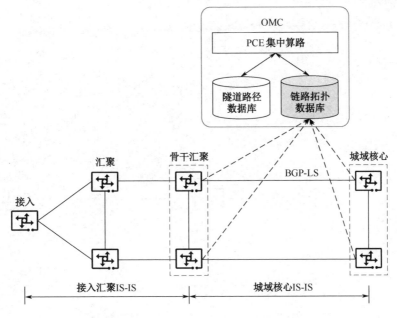

图 7-2 SPN 城域网 BGP-LS 部署方式

BGP-LS 协议部署时应遵循如下原则。

● 每个 IS-IS 域内选取两台 SPN 设备与 OMC 控制器建立 BGP-LS 连接，形成保护。实际网络部署中，建议核心 IS-IS 域选取一对核心设备配置 BGP-LS，接入汇聚 IS-IS 域选取骨干汇聚设备配置 BGP-LS。

● 同一对骨干汇聚设备下挂多个 IS-IS 域时，多个 IS-IS 域可共享一个 BGP-LS 会话。

PCEP 协议规划

SPN 网络中所有部署 SR-TP 隧道的设备均应与 OMC 建立 PCEP 协议连接。其中，SPN 网络设备为 PCC（Path Computation Client），OMC 为 PCE Server。如图 7-3 所示，OMC 通过 PCEP 协议将集中算路结果（SR-TP 隧道路径）实时下发给 SPN 网络设备。此外，当 SPN 网络设备检测到 SR-TP 隧道故障时，通过 PCEP 协议向 OMC 发起实时算路请求。

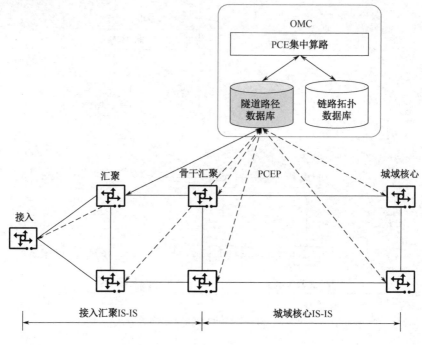

图 7-3　SPN 城域网 PCEP 部署方式

7.1.3　SR 基础属性规划

前面提到，SPN 网络引入了 SR 协议。针对 SR 协议，需要对 SR 基础属性进行规划，主要包括 SR 域（SR Domain）和节点标签（Node Label）。

对于 SR 域，规划建议如下：

● 以 IS-IS 域粒度规划 SR 域，即一个或多个 IS-IS 域组成一个 SR 域。

● 接入层和汇聚层基于区县规划 SR 域，不同区县可规划相同的 SR 域，以复用接入设备 SRGB（Segment Routing Global Block，分段路由全局块）标签空间。

● 核心层单独规划 SR 域。

节点标签应满足在 SR 域内唯一。在 SPN 网络中，用户通过 OMC 系统规划 SPN 设备所属 SR 域后，OMC 系统会在 SRGB 标签空间范围内，遵循节点标签在 SR 域内唯一的原则为设备自动分配 SR-BE 节点标签。

7.2 网络切片规划

SPN 承载网通过部署网络切片，满足不同等级业务的带宽隔离、确定性低时延等需求。SPN 通过 MTN 接口和 MTN 通道实现端到端网络的硬隔离，通过 SR 隧道、VPN、QoS 等实现网络资源的软隔离。SPN 网络承载业务主要包括 5G ToC、5G ToB、政企专线和广电共建共享。不同业务场景有不同的网络切片规划方式，本节主要阐述上述 4 种场景的网络切片规划原则。

7.2.1 移动承载 5G ToC 业务网络切片规划

5G ToC 业务采用默认切片来承载，不同的客户独享 VPN 和隧道，通过调整 DSCP 优先级保障不同客户的需求。切片部署范围覆盖城区，乡镇、农村按需部署。

默认切片的带宽为网络带宽部署完其他切片后的剩余带宽，由新建或者升级网络初始确定，要求默认切片的可用带宽能满足自有/自营业务的带宽需求。可基于规划按需调整默认切片的带宽。

7.2.2 移动承载 5G ToB 业务网络切片规划

5G ToB 业务网络切片规划原则如表 7-2 所示。

表 7-2　5G ToB 业务网络切片规划原则

5G ToB 业务分类	网络切片规划	典型业务场景
普通行业 5G ToB 业务	共享 G.mtn 分组	公网共用，如医疗、警务等
VIP 行业 5G ToB 业务	独享 G.mtn 分组或独享 G.mtn 通道	公网专用，如电网；专网专用，如煤矿、港口等

对于普通行业 5G ToB 业务，多个用户的一类业务或多类业务共享一个专门的 G.mtn 分组切片。不同的客户独享 VPN 和隧道，基于业务部署隧道带宽，满足业务

的带宽保证和低时延要求。切片部署范围覆盖城区，乡镇、农村按需部署。

对于 VIP 行业 5G ToB 业务，高价值 VIP 行业客户独享一个专门的 G.mtn 分组切片或一个专门的 G.mtn 通道，独享 VPN 和隧道。切片部署范围为业务途经节点范围。

部署网络切片时需要合理规划切片带宽，避免带宽闲置，后续可按需扩容。5G ToB 网络切片带宽规划方式如图 7-3 所示。

表 7-3　5G ToB 业务网络切片带宽规划方式

5G ToB 业务场景	初始带宽规划	带宽扩容方式
普通行业 5G ToB 业务	G.mtn 分组切片： 最小部署 5G 带宽，带宽值为 5 的倍数 接入层：10%物理带宽 汇聚层：10%物理带宽，按需扩容 核心层：10%物理带宽，按需扩容	采用局部扩容方式，对不满足带宽需求的接入层、汇聚层、核心层按需进行带宽扩容
VIP 行业 5G ToB 业务	G.mtn 分组切片： 最小部署 5G 带宽，带宽值为 5 的倍数 接入层：10%物理带宽 汇聚层：10%物理带宽，按需扩容 核心层：10%物理带宽，按需扩容 G.mtn 通道： 按需部署。带宽端到端规划，最小部署 5G 带宽，带宽值为 5 的倍数	G.mtn 分组切片采用局部扩容方式，对不满足带宽需求的接入层、汇聚层、核心层按需进行带宽扩容 G.mtn 通道基于业务带宽需求进行带宽扩容，保留适当的余量

7.2.3　政企专线业务网络切片规划

政企专线业务网络切片规划原则如表 7-4 所示。

表 7-4　政企专线业务网络切片规划原则

专线类型	网络切片规划	典型业务场景
分组弹性专线	共享 G.mtn 分组	如上云专线、组网专线等
分组刚性专线	共享 G.mtn 分组或独享 G.mtn 分组	如行业专线、专网（政务）等
TDM 专线	独享 G.mtn 通道	如视频渲染、金融、证券等

对于上云专线、组网专线等分组弹性专线，多个用户的一类业务或多类业务共享一个专门的 G.mtn 分组切片。不同的客户独享 VPN 和隧道。基于业务部署隧道带宽，满足业务的带宽保证和低时延要求。切片部署范围覆盖市区、县城，乡镇、农村按需部署。

对于行业专线、专网等分组刚性专线：

● VIP 行业客户独享一个专门的 G.mtn 分组切片，独享 VPN 和隧道，切片部署范围为业务途经节点范围。

● 普通行业客户共享一个专门的 G.mtn 分组切片。不同的客户独享 VPN 和隧道，基于业务部署隧道带宽，满足业务的带宽保证和低时延要求。切片部署范围覆盖市区、县城，乡镇、农村按需部署。

TDM 专线独享一个专门的 G.mtn 通道，独享 VPN 和隧道。切片部署范围为业务途经节点范围。

政企专线网络切片带宽规划方式如表 7-5 所示。

表 7-5　政企专线网络切片带宽规划方式

专线类型	初始带宽规划	带宽扩容方式
分组弹性专线	G.mtn 分组切片： 最小部署 5G 带宽，带宽值为 5 的倍数 接入层：10%物理带宽 汇聚层：10%物理带宽，按需扩容 核心层：10%物理带宽，按需扩容	采用局部扩容方式，对不满足带宽需求的接入层、汇聚层、核心层按需进行带宽扩容
分组刚性专线	G.mtn 分组切片： 最小部署 5G 带宽，带宽值为 5 的倍数 接入层：10%物理带宽 汇聚层：10%物理带宽，按需扩容 核心层：10%物理带宽，按需扩容	G.mtn 分组切片采用局部扩容方式，对不满足带宽需求的接入层、汇聚层、核心层按需进行带宽扩容
TDM 专线	G.mtn 通道： 按需部署。带宽端到端规划，最小部署带宽 5G，带宽值为 5 的倍数	基于业务带宽需求进行带宽扩容，保留适当的余量

7.2.4 广电共建共享业务网络切片规划

在广电共建共享业务中，中国移动 700 MHz 业务通过默认网络切片承载。对于中国广电 700MHz 业务，部署一个专门的 G.mtn 分组切片来承载。基于中国广电业务需求部署 VPN 和隧道，满足业务的带宽保证和带宽隔离需求。切片部署范围覆盖 700MHz 建设区域网络与核心层网络。

部署广电共建共享业务网络切片初始带宽时，接入层基于规划承载的基站数计算带宽需求，最小为 5G。接入层、汇聚层、核心层带宽收敛比为 8∶2∶1，带宽值为 5 的倍数。后续通过局部扩容方式，对不满足带宽需求的接入层、汇聚层、核心层按需进行带宽扩容。

7.3 时钟同步方案规划

本节介绍时钟同步方案规划，首先阐述时钟源部署位置的选择，然后分别介绍频率同步方案和时间同步方案的设计。

7.3.1 时钟源部署规划

如图 7-4 所示，在 SPN 网络中，时钟源有如下三种部署方案。

- 方案一：在核心层部署超高精度时间服务器，SPN 承载网全网开通 PTP。
- 方案二：在接入层和汇聚层部署高精度时间服务器，接入层 SPN 承载网开通 PTP。
- 方案三：在核心层部署超高精度时间服务器，同时在接入层部署高精度时间服务器。部署时可以分两阶段开通 PTP，第一阶段接入层 SPN 承载网开通 PTP，第二阶段 SPN 全网开通 PTP。

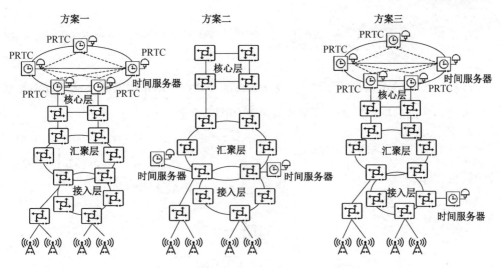

图 7-4　时钟源部署方案

三种部署方案的详细对比如表 7-6 所示。

表 7-6　时钟源部署方案对比

对比项	方案一	方案二	方案三
时钟源部署位置	时间服务器部署在核心层	时间服务器部署在接入层和汇聚层	时间服务器同时部署在核心层和接入层
精度	时钟传递路径长，精度不易保障	时钟传递路径短，可提升精度	时钟传递路径短，可提升精度
可靠性	承载网故障节点多，故障影响面大	接入网故障节点少，故障影响面小	接入网故障节点少，故障影响面小
安全性	地面+空中双时钟源，无安全风险	仅空中时钟源，有安全风险	地面+空中双时钟源，无安全风险
部署周期	承载网整网开通，周期长，部署慢	接入网开通，周期短，部署较快	先局部开通接入网，再随条件变化开通承载网全网，部署快速
故障定界	时钟源随网络分发，故障不易定位	故障收敛速度快，易定位	故障收敛速度快，易定位
部署成本	诸多网络节点需要人工下站做非对称性测量和补偿，人工成本高	仅接入网开通，无须逐个做非对称性测量和补偿，成本较低	下沉的 BITS 可为上游的 1588 网络进行自动验收和对称性测量与补偿，避免人工下站，成本低

考虑到 5G SPN 承载网的部署进度及长期可靠性和安全性，这里推荐方案三。

7.3.2 频率同步方案设计

高精度频率同步是高精度时间同步的前提。SPN 网络常用的频率同步方案是同步以太网。典型的同步以太网规划设计方案如图 7-5 所示。

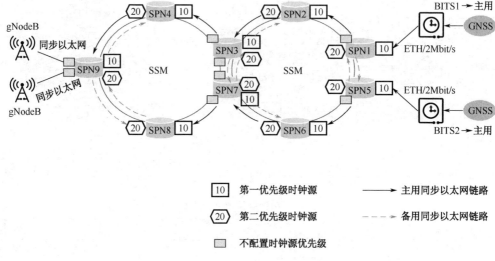

图 7-5 同步以太网规划设计方案

本节将从时钟源、中间网络、基站、网络保护四方面介绍同步以太网规划的注意事项。

时钟源

时钟源规划应注意以下几点。

- 设置主备时钟基准源，用于时钟主备倒换。如图 7-5 所示，双 BITS 时钟通过同步以太网或外时钟口接入 SPN 设备，BITS1 和 BITS2 互为主备。

- 在同一个接入环或汇聚环中，需要有主备时钟基准源设备。如果两个主备时钟基准源设备已经在上游环中配置了两个互联端口的优先级，那么此主备时钟基准源设备的下游环端口就不需要再配置优先级了。例如，图 7-5 中 SPN3 和 SPN7 之间连接接入环的接口不配置时钟源优先级。

- 部署时需要注意,从 BITS 设备到基站的同步路径节点最好不超过 20 个,超过 20 个时,需要将时钟源下移。

- 为了提高可靠性,建议对 BITS 与设备间的接口进行 1∶1 保护。

中间网络

对于中间网络,需要合理规划时钟同步网,规划好主备跟踪路径和时钟跟踪接口,避免时钟环路等情况出现,基本原则如下。

- 全网启用 SSM(Synchronous Status Message,时钟质量信息)协议。SSM 可以防止两设备间单线性成环,无法防止环网成环。环网场景需要在主备源接入的设备上不配置长半环的接口优先级来避免成环。

- 由中心节点或高可靠性节点提供时钟源,上层设备不跟踪下层的时钟频率(如汇聚层不跟踪接入层的时钟频率,可通过端口配置同步以太网功能但不配置优先级的方式,实现端口时钟只用于发送,不用于接收)。

- 网络中的节点时钟跟踪遵循最短路径原则,以图 7-5 为例,在正常情况下,上半环跟踪路径为 SPN9→SPN4→SPN3,SPN3→SPN2→SPN1→BITS1;下半环跟踪路径为 SPN8→SPN7,SPN7→SPN6→SPN5→BITS2。

- 两设备之间存在多条链路时,如果是在环网中,则选择其中一条链路规划优先级,或者启用 G.8264 标准定义的时钟源捆绑组功能,防止两设备通过多路径成环。如果是链网,则只在下游接口规划优先级,上游接口不规划优先级,防止成环。

- 规划时钟源优先级时建议采用 10、20 等数字,为后续增加时钟源预留优先级值。

- 建议开启设备时钟源频偏检测功能,当频偏过大时,会上报告警,并且不允许选择频偏过大的时钟源。

基站

基站一般通过以太网业务口从 CSG 获取时钟。

保护方案

规划同步以太网时，需要关注网络保护倒换。根据前面的规划，当发生故障时，同步以太网的保护方案如图 7-6 所示，具体的故障点及对应的保护方案如图 7-7 所示。

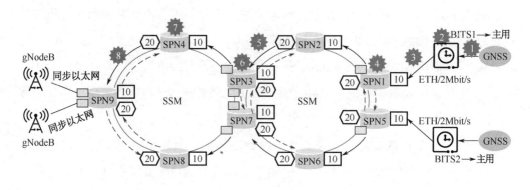

图 7-6　同步以太网的保护方案

表 7-7　同步以太网故障点及保护方案

故障点	检测方法	保护方案
1、2、3	时钟源故障，SSM 质量降级或信号丢失	当时钟源出现故障时，会发出 SSM 质量降级信号给本地 SPN，或者信号中断。本地 SPN 的 SSM 算法检测到 SSM 降级，则会启动重新选源，设备倒换到同步 BITS2
4、5、6、7、8	网络设备故障或链路故障	下游设备检测时钟信号状态变化，重新进行时钟选源；当没有可用源时，本地路由器进入保持状态，并通知下游设备时钟质量降级，网络中的 SPN 设备倒换到跟踪备用路径时钟 以图 7-6 中的故障点 5 为例，SPN3 不再跟踪 SPN2 设备时钟，而是切换到备用路径，跟踪 SPN7 设备时钟

7.3.3 时间同步方案设计

SPN 网络常用的时间同步方案是 PTP，如图 7-7 所示。其中，BITS 为 PTP GMC，承载网 SPN 设备为逐跳 PTP BC，基站为 PTP SC。

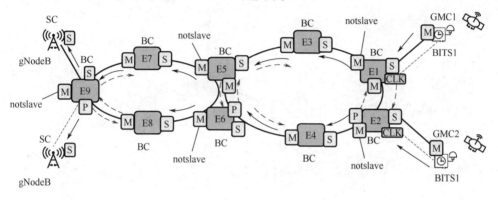

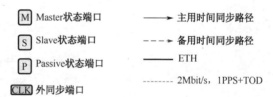

图 7-7 PTP 时间同步方案设计

PTP 规划注意事项如下。

● 在 PTP 网络中，设备间相互连接推荐使用以太网接口，当设备与 BITS 之间不具备以太网接口条件时，也可以使用 1PPS+TOD 接口对接。如果使用 1PPS+TOD 接口，为保证 PTP 信息传递，推荐 TOD 接口配置为 G.8271 模式，同时须连接外时钟 2Mbit/s 信号用于频率同步。

● 对于时钟源，同一个同步区域最少应部署两台 BITS 作为主备 PTP GMC（图 7-7 中的 BITS1 和 BITS2），在时钟优先级、精度等参数相同的情况下，优先跟踪路径短的 PTP GMC。

● 将不可能作为 Slave 的接口规划为 notslave 模式，可以有效防止上游设备反向跟踪下游设备。例如，将图 7-7 中设备 E1 和 E3 之间的接口设置为

notslave 模式，使得 E1 不能反跟踪 E3。

在 PTP 同步网络中，根据 BMCA 能够自动形成跟踪关系，在出现 GPS、BITS、节点、链路故障时实现自动保护倒换。PTP 同步网络规划需要关注保护倒换，如图 7-8 所示是典型的 PTP 时间同步保护方案。具体的故障点及对应的保护方案如图 7-8 所示。

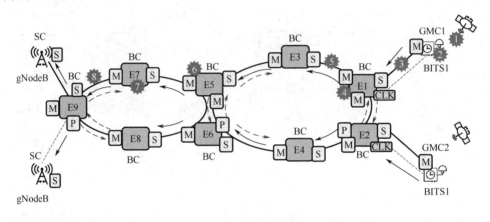

图 7-8　PTP 时间同步保护方案

表 7-8　PTP 时间同步故障点及保护方案

故障点	检测方法	保护方案
1、2、3	时钟源故障，PTP 报文中 ClockClass 质量降级或信号丢失	当时钟源出现故障时，会发出 ClockClass 质量降级信号给本地路由器，或者信号中断，本地 SPN 的 BMCA 检测到 ClockClass 降级，则会启动重新选源，设备倒换到同步 BITS2
4、5、6、7、8	网络设备故障或链路故障	下游设备检测时钟信号状态变化，重新进行时钟选源；当没有可用源时，本地 SPN 进入保持状态，并发送保持质量等级信号给下游设备，通知下游设备时钟质量降级，网络中的 SPN 设备倒换到跟踪备用路径时间。以图 7-8 中的故障点 5 为例，E3 不再跟踪 E1 设备时钟，而是切换到备用路径，跟踪 E5 设备时钟

第 8 章

SPN 业务设计

作为中国移动的综合业务承载网，SPN 网络的主要业务包括 5G ToC、5G ToB、政企专线和广电共建共享。本章主要介绍这 4 种典型业务的核心网构成、组网方案、业务模型、业务流向、业务方案设计和 QoS 保障方案设计。

8.1 移动承载 5G ToC 业务设计

8.2 移动承载 5G ToB 业务设计

8.3 政企专线业务设计

8.4 广电共建共享业务设计

8.1 移动承载 5G ToC 业务设计

5G ToC 是指面向个人的 5G 业务服务，如超高清视频、云游戏等。5G ToC 是 SPN 网络应用最广泛的场景之一，本节主要介绍 5G ToC 业务设计。

8.1.1 核心网构成

在 5G ToC 业务中，SPN 网络提供基站到基站、基站到核心网的连接服务，包括业务调度和管理控制等。

5G ToC 基站覆盖全国，用于满足个人用户随时随地在线的需求。基站的数量和位置取决于人口密度、基站容量和无线信号等因素，基站通常就近接入位于运营商机房的 SPN 接入设备。

5G 核心网分为 C 面和 U 面。C 面为控制平面，U 面为用户平面。其中，C 面承载信令或控制消息，这些消息包括身份验证、注册、移动性管理等。C 面功能由控制单元 AMF（Access Management Function，接入管理功能）和 SMF（Session Management Function，会话管理功能）实现。U 面承载数据流量，负责在无线接入网和 Internet 之间转发流量、报告流量使用情况、实施 QoS 策略等。U 面功能由用户单元 UPF（User Plane Function，用户平面功能）实现。

5G ToC 核心网构成如图 8-1 所示。

图 8-1　5G ToC 核心网构成

用户单元 UPF 部署在地市中心机房，接入同机房 SPN 核心设备。基站经 SPN 城域网调度到地市中心接入核心网用户单元。

控制单元 AMF 部署在区域中心（华北、华南、西北、西南、东北等）机房，接入 IP 承载网设备。基站通过 SPN 城域网汇聚到地市中心，经 IP 承载网调度到区域中心，并对接核心网控制单元。

8.1.2　组网方案概览

5G ToC 业务组网是最典型的 SPN 组网，在本书第 2 章中已经介绍过相关的内容。本节对组网设计中的原则进行简单总结。

5G ToC 业务采用核心层、汇聚层、接入层的三层组网结构，如图 8-2 所示。

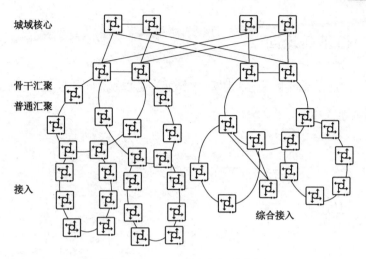

图 8-2　5G ToC 业务组网结构图

5G ToC 业务组网结构设计原则如下。

- 城域核心设备成对设置，部署在核心机房。
- 骨干汇聚设备成对设置。已形成骨干汇聚对的设备，不再与其他骨干汇聚设备组成骨干汇聚对。骨干汇聚设备与城域核心设备之间采用口字型连接，下挂 4~8 个汇聚环。
- 汇聚层设备采用环形组网，每环 4~6 个节点，最多不超过 8 个节点，双挂到骨干汇聚对上，不能双挂到两对不同的骨干汇聚设备上。
- 综合接入点双挂到同一汇聚环的两个汇聚点上，每环 1~2 个节点。
- 接入层设备采用环形组网，每环建议 4~6 个节点，最多不超过 10 个节点，接入环双挂到同一汇聚环的两个汇聚点上。
- 接入环、汇聚环只能挂接到一对骨干汇聚设备上，不能挂接到两对骨干汇聚设备上。

8.1.3 业务流向和业务模型简介

5G ToC 业务流量主要包含 N2、N3 和 Xn 业务流量。其中，N2 和 N3 为南北向业务流量，Xn 为东西向业务流量。

N2 和 N3 业务流向

N2 和 N3 业务流向如图 8-3 所示。下面关于业务流向的描述只表达上行流量途径，下行流量途径和上行相反。

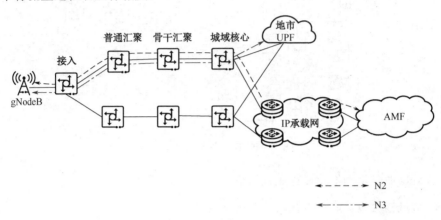

图 8-3 N2 和 N3 业务流向

N2 业务表示 gNodeB 与 AMF 之间的流量。业务通过接入节点转发给归属的骨干汇聚节点，然后转发到城域核心节点，在这里对接 IP 承载网，通过 IP 承载网传输到核心网控制单元 AMF。

N3 业务表示 gNodeB 与 UPF 之间的流量。业务通过接入节点转发给归属的骨干汇聚节点，然后转发到直连 UPF 的城域核心节点，最后通过城域核心节点转发到 UPF。

Xn 业务流向

Xn 业务表示 gNodeB 之间的流量。根据组网差异，Xn 业务分为 3 种不同业务流向。

第一种业务流向如图 8-4 所示，源宿接入 SPN 节点属于同一个普通汇聚环。此时，业务通过源 gNodeB 发送到本端 SPN 设备，然后转发给目的 gNodeB 所连接的 SPN 设备，最后转发给目的 gNodeB。

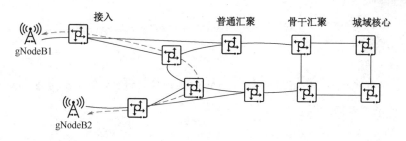

图 8-4　汇聚环内 Xn 业务流向

第二种业务流向如图 8-5 所示，源宿接入 SPN 节点属于同一骨干汇聚层下的不同普通汇聚环。此时，业务通过 gNodeB 发送到本端 SPN 设备，然后转发到骨干汇聚层，由骨干汇聚层转发到目的 gNodeB 所连接的 SPN 设备，最后转发给目的 gNodeB。

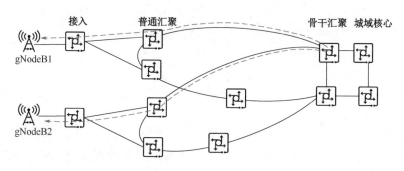

图 8-5　SPN 跨普通汇聚环 Xn 业务流向

第三种业务流向如图 8-6 所示，源宿接入 SPN 节点属于不同的骨干汇聚层。此时，业务通过 gNodeB 发送到本端 SPN 接入设备，然后转发到骨干汇聚层，由骨干汇聚层转发到对端骨干汇聚层，对端骨干汇聚层收到后，发往对端 SPN 接入设备，最后发送到 gNodeB。

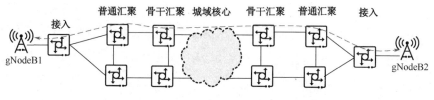

图 8-6　SPN 跨骨干汇聚环 Xn 业务流向

业务模型

5G ToC 业务采用 HoVPN（Hierarchy of VPN，分层 VPN）的分层 L3VPN 业务模型，如图 8-7 所示。

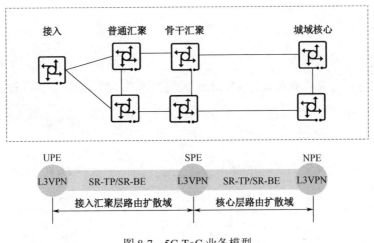

图 8-7　5G ToC 业务模型

接入点业务角色为 UPE，分层点（骨干汇聚设备）业务角色为 SPE，落地点（城域核心设备）业务角色为 NPE。骨干汇聚节点及上行的 L3VPN 业务节点构成核心层路由扩散域，每个接入汇聚 IS-IS 域内的 L3VPN 业务节点构成一个独立的接入路由扩散域，同一个路由扩散域内的设备间形成 Full-Mesh（全连接）的业务关系。

采用 SR-TP 隧道承载南北向业务，采用 SR-BE 隧道承载东西向业务。

8.1.4　业务方案设计

5G ToC 业务方案设计如图 8-8 所示（图中只给出了南北向保护方案，东西向保护方案参见图 8-10）。下面分别从 VPN 规划、隧道规划、OAM 检测、性能检测及保护方案规划五方面介绍相关业务设计。

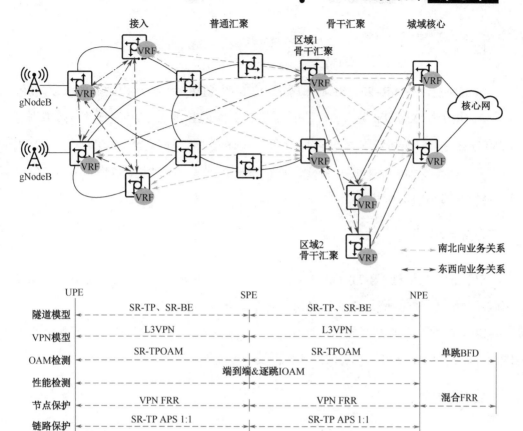

图 8-8　5G ToC 业务方案设计

VPN 规划

首先，L3VPN 应具备承载 IPv4 和 IPv6 业务报文的能力。

其次，UPE 需要部署 IPv4 和 IPv6 的 DHCP Relay，支持基站自动化上线。

最后，L3VPN 需要合理部署业务路由。城域核心设备部署到核心网的业务及明细路由/网段路由，骨干汇聚对部署下挂基站的网段路由，接入设备部署对接 gNodeB 的 UNI 接口 IP 地址生成直连路由，并部署该直连路由所属网段的低优先级的黑洞路由。

隧道规划

隧道模型使用 SR-TP、SR-BE 隧道，SR-TP 隧道用于南北向的业务承载，SR-BE 隧道用于东西向的业务承载。UPE 部署到主备 SPE 的 SR-TP 隧道并将隧道绑定 L3VPN 业务。SPE 部署到主备 NPE 的 SR-TP 隧道并将隧道绑定 L3VPN 业务。NPE 保护对之间部署 SR-TP 隧道并将隧道绑定 L3VPN 业务。各 IS-IS 域内设备自动生成 Full-Mesh 的 SR-BE 隧道。

OAM 检测

SPN 网络内通过 SR-TP OAM 检测 SR-TP 隧道连通性，并能在检测到缺陷或故障时迅速触发保护倒换。SR-TP OAM 检测周期建议为 10ms。

SPN 网络与核心网互通时通过 BFD 检测城域核心节点与核心网之间的链路故障，并能在检测到故障时迅速触发保护倒换，可按需在接口上部署 IPv4/IPv6 BFD。

性能检测

SPN 网络内部署端到端或逐跳 IOAM 性能检测，针对不同用户分别进行业务性能检测，具体原理可参考 6.3 节的内容。

保护方案规划

南北向保护方案

南北向保护方案设计如图 8-9 所示。

SR-TP 隧道部署 SR-TP APS 1:1 保护，用于隧道中间链路和中间节点故障。SR-TP APS 可提供 50ms 保护倒换能力，部署时要求工作隧道和保护隧道具有不同路径。

骨干汇聚设备、城域核心设备之间的节点保护采用 VPN FRR，由设备自动生成。

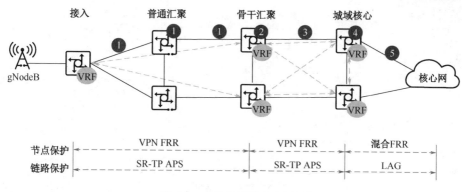

图 8-9 南北向保护方案设计

城域核心设备与核心网/省干网/IP 专网设备之间采用混合 FRR 保护方案，也可叠加部署负载分担 LAG（Link Aggregation Group，链路聚合组）来提升带宽和可靠性。

表 8-9 中各故障点的故障检测机制和保护机制如图 8-1 所示。

表 8-1 南北向保护方案

故障点	保护机制	故障检测机制	故障感知节点	保护倒换性能
1	SR-TP APS	SR-TP OAM	骨干汇聚设备，接入设备	50ms
2	VPN FRR	SR-TP OAM	接入设备，城域核心设备	50ms
3	SR-TP APS	SR-TP OAM	骨干汇聚设备，城域核心设备	50ms
4	VPN FRR	SR-TP OAM	骨干汇聚设备，核心网设备	50ms
5	混合 FRR	BFD	城域核心设备，核心网设备	50ms

东西向保护方案

东西向保护方案设计如图 8-10 所示。

接入层和汇聚层 Xn 流量通过 SR-TP 隧道承载，部署 SR-TP APS 1:1 保护，用于隧道中间链路和中间节点故障。核心层 Xn 流量通过 SR-BE 隧道承载，采用 TI-LFA（Topology-Independent Loop-Free Alternate，拓扑无关的无环替换路径）FRR 保护。

节点保护采用 VPN FRR，由设备自动生成。

图 8-10 中各故障点的故障检测机制和保护机制如表 8-2 所示。

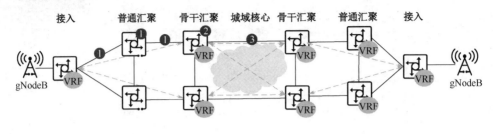

图 8-10　东西向保护方案设计

表 8-2　东西向保护方案

业务	故障点	保护机制	故障检测机制	故障感知节点	保护倒换性能
汇聚接入层 Xn	1	TI-LFA	端口状态	故障相邻节点	50ms
		FRR	IGP 收敛	SR-BE 隧道源节点	百毫秒级
跨骨干汇聚 Xn	1	SR-TP APS	SR-TP OAM	骨干汇聚设备，接入设备	50ms
	2	VPN FRR	SR-TP OAM	接入设备	50ms
			IGP 收敛	对端骨干汇聚设备	秒级
	3	TI-LFA	端口状态	故障相邻节点	50ms
		FRR	IGP 收敛	SR-BE 隧道源节点	百毫秒级

8.1.5　QoS 保障方案设计

5G ToC QoS 保障方案主要包括优先级映射和隧道带宽。

● 优先级映射：识别用户报文优先级并按规则映射到设备内部或直接固定一类业务优先级的处理方式。

● 隧道带宽：首先，可以通过隧道带宽和物理带宽校验（隧道带宽之和不超过物理带宽），实现网络带宽有序规划；其次，可以基于业务队列缓存实现对突发流量整形，提升用户体验。

优先级映射

对于报文优先级映射，基站、核心网等根据业务类型设置报文 DSCP、802.1p 值，SPN 网络边缘接入点根据报文携带的 DSCP、802.1p 值，映射到 SR-TP、SR-BE 报文的 EXP 中，途经网元根据 EXP 值进行优先级调度。

对于 QoS 优先级映射，5G ToC 遵循中国移动优先级映射企业标准，如表 8-3 所示。

表 8-3　中国移动优先级映射企业标准

QCI/5QI	IP（DSCP）	VLAN（802.1p）	SPN（QoS）	业务举例
QCI1/5QI1	46	5	EF	5G/IMS 话音
QCI2/5QI2	34	4	AF4	会话视频
QCI3/5QI3	34	4	AF4	实时游戏
QCI4/5QI4	34	4	AF4	非会话视频
QCI5/5QI5	46	5	EF	5G/IMS 信令
QCI6/5QI6	18	2	AF2	基于 TCP 的视频
QCI7/5QI7	18	2	AF2	语音、实时媒体流、交互式游戏
QCI8/5QI8	18	2	AF2	基于 TCP 的视频
QCI9/5QI9	0	0	BE	基于 TCP 的视频

隧道带宽

对于隧道带宽部署，核心层 SR-TP 隧道默认不配置带宽，必要时可基于客户需求配置。核心层 SR-BE 隧道不配置带宽。

中国移动根据重要程度将基站分为重保基站和非重保基站，根据基站构成将基站分为 1 型基站、2 型基站和 3 型基站，对于不同的基站类型，隧道带宽部署原则不同。接入层 SR-TP 隧道带宽部署原则如下。

● 对于非重保基站，CIR 为 20Mbit/s，PIR：1 型基站为 10440Mbit/s，2 型基站为 13980Mbit/s，3 型基站为 18980Mbit/s。

如果单节点下挂多个非重保基站（如 m 个 1 型基站，n 个 2 型基站，i 个 3

型基站），则 CIR=20Mbit/s×($m+n+i$)，PIR≤端口带宽-100Mbit/s。对于 PIR，预留的 100Mbit/s 用于承载 DCN、IS-IS 等业务。例如，单节点下挂 5 个基站，其接入环组网带宽为 50Gbit/s，则 PIR 应不超过 49900Mbit/s。）

- 对于重保基站，CIR=X 型基站均值带宽，PIR=X 型基站峰值带宽。

 如果单节点下挂多个重保基站（如 m 个 1 型基站，n 个 2 型基站，i 个 3 型基站），则 CIR=6060Mbit/s×m+8000Mbit/s×n+13000Mbit/s×i，PIR≤端口带宽-100 Mbit/s。

- 当单节点下挂多个非重保基站和多个重保基站时，CIR=非重保基站 CIR+重保基站 CIR，PIR≤端口带宽-100Mbit/s。

上述描述中业务的 CIR 数值可按需调整。另外，如果希望到主备 SPE 的工作、保护隧道只占一份带宽，可以选择不配置接入域保护 SR-TP 隧道带宽。

8.2 移动承载 5G ToB 业务设计

随着 5G 商用全面开启和网络建设加速推进，5G 与垂直行业的融合应用成为未来发展的关键所在，各地方各行业 5G 创新应用百花齐放。5G ToB 指面向企业的 5G 业务服务，如煤矿、港口等。本节主要介绍 5G ToB 业务 SPN 网络的规划设计方案。

8.2.1 核心网构成

在 5G ToB 业务中，SPN 网络提供基站到基站、基站到核心网、核心网功能单元之间的连接服务，包括业务调度和管理控制等。

5G ToB 基站覆盖企业终端需要接入的物理区域，可以和 5G ToC 用户共用物理基站，也可单独部署。5G ToB 基站通常就近接入企业或运营商机房的 SPN 接入设备。

5G ToB 核心网包括用户和控制两大功能单元，如图 8-11 所示。

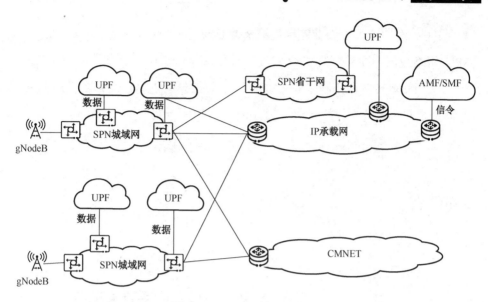

图 8-11　5G ToB 核心网构成

用户单元 UPF 独立部署，不和 5G ToC 共用，可部署在省中心、地市中心、企业园区，并就近接入同机房的 SPN 设备。基站经 SPN 城域网和省干网调度，接入对应的核心网用户单元。UPF 之间的互通在城域内通过 SPN 网络承载，跨城域通过 CMNET（China Mobile Network，中国移动网）承载。

控制单元包括 AMF 和 SMF，部署在区域中心（华北、华南、西北、西南、东北等）机房。AMF 可以和 5G ToC 共用，也可单独部署。基站或边缘 UPF 通过 SPN 城域网汇聚到地市中心，经 IP 承载网调度到区域中心，并对接核心网控制单元。

8.2.2　组网方案概览

针对 5G ToB 业务，中国移动设置了专用的核心网 UPF。根据 UPF 的部署位置不同，5G ToB UPF 分为省会 ToB 专线 UPF、地市共享 UPF 和园区入驻 UPF 三类。其中：

● 省会 ToB 专线 UPF 指在省会城市部署 UPF，省内不同企业用户共享此 UPF。

● 地市共享 UPF 指在某个地市部署 UPF，地市内的不同企业用户共享此 UPF。

● 园区入驻 UPF 即在企业园区内部部署 UPF。

SPN 网络适配不同类型的 ToB UPF，提供从 gNodeB 到 UPF 的端到端承载。SPN 网络采用就近转发原则减少业务时延，而且保证园区入驻 UPF 场景的流量不出园区，满足企业对业务安全的要求。5G ToB 业务组网方案如图 8-12 所示。

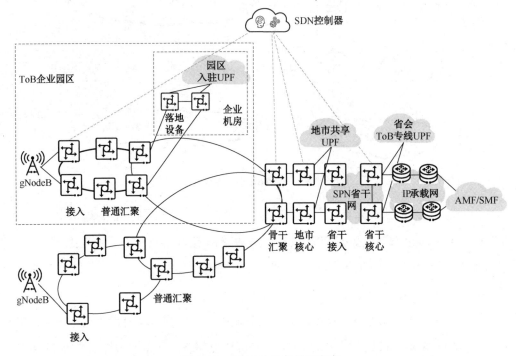

图 8-12　5G ToB 业务组网方案

对于园区入驻 UPF 部署方式：

● 通过一对 SPN 落地设备接入园区内的 SPN 汇聚设备，落地设备与 UPF 同机房部署。

● 园区内部署一对企业专用 SPN 汇聚设备，与 SPN 普通汇聚设备/骨干汇聚设备组成独立的汇聚环（可避免 ToC 业务故障和扩容等维护操作频繁进入企业园区）。

● 园区内的 SPN 普通汇聚设备下挂接入环，接入环的数量和环上的 SPN 节点数量根据 5G 基站 gNodeB 部署的范围和数量按需部署。

- 园区内的 gNodeB 可采用双归的方式接入两台 SPN 设备（支持 SPN 设备节点故障保护，增强 ToB 业务可靠性）。
- 在园区内的企业专用 SPN 网络内根据企业业务类型按需部署网络切片，保证控制类和监控类业务对时延和带宽的要求。

对于地市共享 UPF 和省会 ToB 专线 UPF 部署方式：

- gNodeB 可采用双归的方式接入两台 SPN 设备。
- 企业园区内可单独部署 SPN 网络（部署方式与园区入驻 UPF 相同），也可与 ToC 业务共用 SPN 网络。
- SPN 汇聚层、核心层与 ToC 业务共用 SPN 网络。
- 根据企业用户业务诉求，SPN 网络按需部署端到端网络切片，保证企业用户对网络时延和带宽的要求。

另外，SPN 全网部署 SDN 控制器，基于 SDN 控制器可以实现 5G ToB 业务的快速部署和运维，包括 SPN 网络切片管理、ToB 业务开通、告警和性能管理、故障快速定位等。

8.2.3 业务流向和业务模型简介

5G ToB 业务流量包括 N2、N3、N4、N6、N9、UPF OM 六类。其中，N3、N6、N9 为企业转发平面流量，N2 为基站 gNodeB 的控制平面流量，N4、UPF OM 为 UPF 的控制平面和管理平面流量。不同场景的 5G ToB 业务流向如图 8-13 所示。

各业务类型及对应的流向如表 8-4 所示。

表 8-4　5G ToB 业务类型及对应的流向

业务类型	业务模型	业务流向
N2	gNodeB 与 AMF/SMF 之间的流量	业务通过基站传输端口接入 SPN 设备，经过 SPN 城域网传输到 SPN 城域核心设备，在 SPN 城域核心设备对接 IP 承载网，通过 IP 承载网传输到 5G 核心网大区控制平面 AMF/SMF

业务类型	业务模型	业务流向
N3	gNodeB 与 UPF 之间的流量	UPF 的位置不同，N3 业务经过的 SPN 网络路径也不同 ● 对于省会 ToB 专线 UPF 场景，业务经过基站传输端口接入 SPN 设备，经过城域网、省干网传输到 UPF ● 对于地市共享 UPF 场景，业务经过基站传输端口接入 SPN 设备，经过城域网传输到 UPF ● 对于园区入驻 UPF 场景，业务经过基站、接入设备、汇聚设备传输到 UPF 针对 N3 业务，进行 SPN 网络规划时除业务流向外，还要考虑企业对于安全隔离和严格时延保证的业务诉求
N4	UPF 与 AMF/SMF 之间的流量	UPF 的位置不同，N4 业务经过的 SPN 网络路径也不同 ● 对于省会 ToB 专线 UPF 和地市共享 UPF 场景，N4 业务从 UPF 直接对接 IP 承载网，经 IP 承载网传输到 5G 核心网大区控制平面 AMF/SMF，中间不经过 SPN 网络 ● 对于园区入驻 UPF 场景，UPF 接入 SPN 设备，经过 SPN 城域网传输到 SPN 城域核心设备，在 SPN 城域核心设备对接 IP 承载网，通过 IP 承载网传输到 5G 核心网大区控制平面 AMF/SMF
N6（企业私网）	UPF 与企业之间的流量	UPF 的位置不同，N6（企业私网）业务经过的 SPN 网络路径也不同 ● 对于省会 ToB 专线 UPF 场景，业务从 UPF 接入 SPN 省干网，在城域核心设备对接 SPN 城域网，通过 SPN 接入设备传输到企业服务器 ● 对于地市共享 UPF 场景，业务从 UPF 接入 SPN 设备，在城域核心设备对接 SPN 城域网，通过 SPN 接入设备传输到企业服务器 ● 对于园区入驻 UPF 场景，业务直接通过园区内网从 UPF 传输到企业服务器 针对 N6（企业私网）业务，进行 SPN 网络规划时也需要考虑企业对于安全隔离和严格时延保证的业务诉求
N6（互联网）	UPF 与互联网之间的流量	UPF 的位置不同，N6（互联网）业务经过的 SPN 网络路径也不同 ● 对于省会 ToB 专线 UPF 和地市共享 UPF 场景，业务从 UPF 直接对接 CMNET，就近接入 CMNET 省干网或者地市出口，中间不经过 SPN 网络 ● 对于园区入驻 UPF 场景，业务从 UPF 接入 SPN 设备，经过 SPN 城域网传输到 SPN 城域核心设备，在 SPN 城域核心设备对接地市 CMNET 出口

业务类型	业务模型	业务流向
N9	UPF 与 UPF 之间的流量	UPF 通过传输端口对接 SPN 设备,城域内全程经过 SPN 网络传输;城域间(不出省)通过 SPN 省干网打通;城域间(出省)通过 CMNET 打通,SPN 网络在城域核心设备对接地市 CMNET 出口 图 8-13 中给出的是城域内的 N9 业务流向,也是目前应用比较多的一种形式
UPF OM	UPF 与大区网管系统之间的流量	UPF 的位置不同,UPF OM 业务经过的 SPN 网络路径也不同 ● 对于省会 ToB 专线 UPF 和地市共享 UPF 场景,UPF OM 业务从 UPF 直接对接 IP 承载网,经 IP 承载网传输到 UPF 的大区网管系统,中间不经过 SPN 网络 ● 对于园区入驻 UPF 场景,UPF 接入 SPN 设备,经过 SPN 城域网传输到 SPN 城域核心设备,在 SPN 城域核心设备对接 IP 承载网,通过 IP 承载网传输到 UPF 的大区网管系统

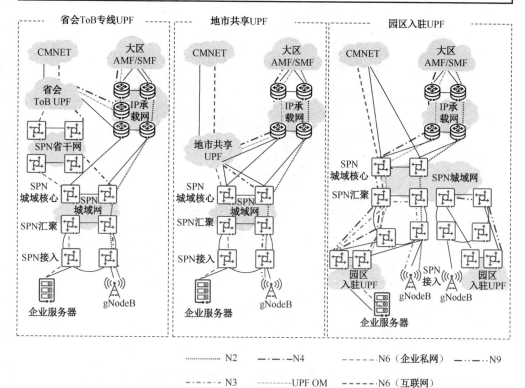

图 8-13 5G ToB 业务流向

为满足企业用户对于安全隔离、网络带宽、时延保证的诉求，SPN 提供基于 G.mtn 切片的高可靠、严格隔离的 5G ToB 业务模型，如图 8-14 所示。SPN 网络（含 SPN 城域网和 SPN 省干网）提供 G.mtn 资源切片，切片内部署 SR-TP 隧道，业务层面提供 L3VPN 或者 VLL 专线。

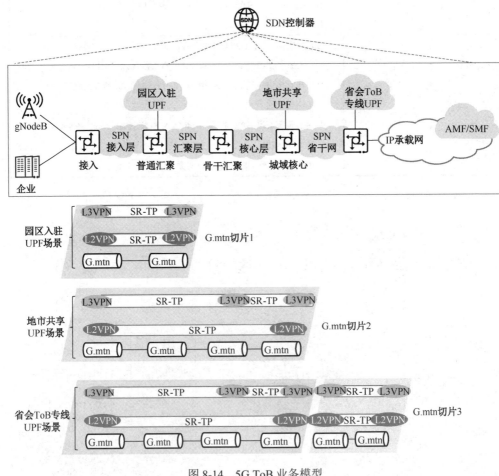

图 8-14　5G ToB 业务模型

8.2.4　业务方案设计

5G ToB 业务方案设计包括网络切片规划、VPN 规划、隧道规划、OAM 检测及保护方案规划、性能检测规划。下面结合 UPF 的不同位置分三种场景分别阐述。

园区入驻 UPF 场景

园区入驻 UPF 场景业务方案设计如图 8-15 所示。

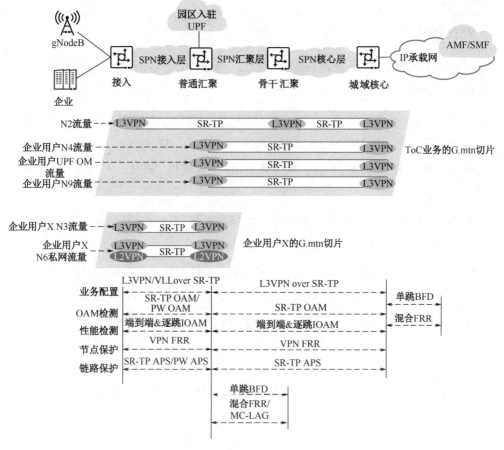

图 8-15　园区入驻 UPF 场景业务方案设计

网络切片规划

对于园区入驻 UPF 场景，UPF 下沉至企业园区，在企业园区内 SPN 网络提供区域性 5G ToB 企业专用 G.mtn 网络切片，将 ToB 流量与 ToC 流量完全隔离，满足了 ToB 用户安全隔离、低时延、企业流量不出园区的诉求。对于安全隔离要求高、时延稳定的企业用户，采用 G.mtn 通道切片承载用户业务，其他类型的企业用户采用 G.mtn 分组切片。

SPN 与 gNodeB 或 UPF 之间通过 VLAN 进行切片映射，企业用户流量和 ToC 流量采用不同 VLAN 隔离，ToB 用户流量在 SPN 入口根据 VLAN ID 进入 ToB 用户专用切片。

VPN 规划

对于园区入驻 UPF 场景，ToB 用户存在安全隔离诉求，业务层面需要部署企业专用端到端 VPN。

- 对于 N3 和 N6 流量，采用一个 ToB 用户对应一个 VPN 的规划设计原则，N3 流量采用 L3VPN，N6 流量采用 L2VPN 或者 L3VPN。
- N2 流量属于基站控制平面流量，不单独规划 VPN，与 ToC 流量共用 L3VPN。
- N4 流量属于 UPF 控制平面流量，城域内可统一规划一个独立的 VPN 承载所有园区入驻 UPF 的 N4 流量。
- UPF OM 流量属于 UPF 管理平面流量，可采用与 N4 流量类似的 VPN 规划方式，采用一个独立的 VPN 承载所有园区入驻 UPF 的 OM 流量。
- N9 流量采用独立的 L3VPN，一个 ToB 用户对应一个 VPN。

隧道规划

ToB 用户对于带宽保证有严格要求，不同的 ToB 用户需要配置单独的 QoS 策略，所以隧道采用一个 ToB 用户对应一条隧道的规划设计原则，不同的企业用户配置独立的 SR-TP 隧道。SR-TP 隧道的工作隧道和保护隧道需要部署不同路径，并部署 SR-TP APS 1:1 保护，用于隧道中间链路和中间节点故障。

OAM 检测及保护方案规划

L3VPN 业务通过 SR-TP OAM 检测 SR-TP 隧道的连通性，并能在检测到缺陷或故障时迅速触发保护倒换，也可按需在接口上部署 IPv4/IPv6 BFD。VLL 业务通过 PW OAM 检测连通性，并能在检测到缺陷或故障时迅速触发保护倒换。SR-TP OAM 和 PW OAM 检测周期建议为 10 ms。

SPN 网络业务节点故障采用 VPN FRR 保护，链路故障和中间节点故障采用 SR-TP APS 1:1 保护（L3VPN）或者 PW APS 1:1 保护（VLL）。SPN 网络与 UPF、IP 承载网对接端口采用单跳 BFD 进行故障检测，采用混合 FRR 保护（L3VPN）或者 MC-LAG（Multi Chassis-Link Aggregation Group，跨设备链路聚合组）保护（VLL）。

业务路径上不同链路和节点故障的详细保护方案设计可参考 8.1.4 节中的相关内容。

性能检测规划

SPN 网络内部署端到端或逐跳 IOAM 性能检测，针对不同的 ToB 用户分别进行业务性能检测。在园区入驻 UPF 对接的 SPN UNI 接口处使能 IOAM 动态流学习功能。使能动态流学习功能后，设备可自动学习实时流量，并基于报文特征字段（如源 IP、目的 IP 等）自动创建检测实例。在 SPN 接入节点通过反向流自动学习，无须配置。

地市共享 UPF 场景

地市共享 UPF 场景业务方案设计如图 8-16 所示。

网络切片规划

地市共享 UPF 场景下的 UPF 位于地市核心，在 SPN 城域网内按需部署 G.mtn 共享网络切片（如警务行业共享切片、医疗行业共享切片等）或者 G.mtn ToB 用户专用网络切片。ToB 流量与 ToC 流量完全隔离，满足 ToB 用户安全隔离、低时延的诉求。SPN 与 gNodeB 或 UPF 之间通过 VLAN 进行切片映射，企业用户流量和 ToC 流量采用不同 VLAN 隔离，ToB 用户流量在 SPN 入口根据 VLAN ID 进入 ToB 用户共享切片或者专用切片。

VPN 规划

该场景下的 SPN 网络仅涉及 N2、N3、N6 流量，与园区入驻 UPF 场景类似，ToB 用户存在一定的安全隔离诉求。VPN 规划设计方案与园区入驻 UPF 场景相同，采用一个 ToB 用户对应一个 VPN 的设计原则。

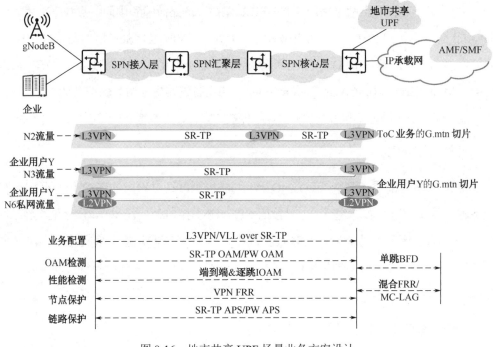

图 8-16　地市共享 UPF 场景业务方案设计

隧道规划

该场景下的 ToB 用户存在一定的 QoS 保障诉求，隧道规划设计方案与园区入驻 UPF 场景类似，也为每个 ToB 用户单独规划 SR-TP 隧道。隧道的起点为业务接入点，终点为 UPF 对接的 NPE 节点。SR-TP 隧道的工作隧道和保护隧道部署不同路径，并部署 SR-TP APS 1:1 保护，用于隧道中间链路和中间节点故障。

OAM 检测及保护方案规划

该场景下的 OAM 检测设计方案与园区入驻 UPF 场景类似。ToB 用户的 VPN 和 SR-TP 隧道独立，基于 SR-TP 隧道或者 PW 规划独立的 OAM 检测。L3VPN 业务通过 SR-TP OAM 检测 SR-TP 隧道的连通性，VLL 业务通过 PW OAM 检测连通性，并能在检测到缺陷或故障时迅速触发保护倒换。与园区入驻 UPF 场景相比，OAM 检测的起点不同。OAM 检测的起点为业务接入点，终点为 UPF 对接的 NPE 节点。

保护倒换设计与园区入驻 UPF 场景相同。

性能检测规划

该场景下的性能检测设计方案与园区入驻 UPF 场景类似，不同之处在于 IOAM 的动态流学习使能点部署在地市共享 UPF 的 UNI 接口上，端到端或逐跳 IOAM 经过的路径不同。

省会 ToB 专线 UPF 场景

省会 ToB 专线 UPF 场景业务方案设计如图 8-17 所示。

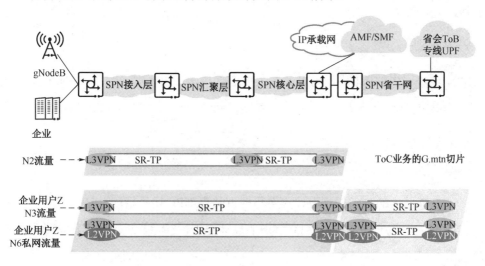

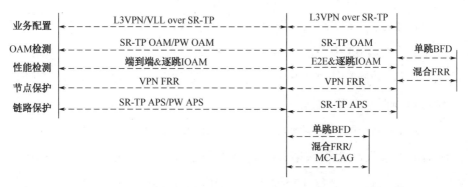

图 8-17　省会 ToB 专线 UPF 场景业务方案设计

网络切片规划

省会 ToB 专线 UPF 场景下的 UPF 位于省中心，端到端业务需要采用两个切片承载，SPN 城域网（由 SPN 接入层、SPN 汇聚层、SPN 核心层组成）内一个切片，SPN 省干网内一个切片。SPN 城域网内的部署原则和部署方式与地市共享 UPF 场景相同。SPN 省干网切片以 G.mtn 共享网络切片为主，如警务行业共享切片、医疗行业共享切片等，少量有稳定低时延要求的 ToB 用户按需部署 G.mtn ToB 用户专用网络切片。SPN 省干网切片的映射方式与 SPN 城域网相同，通过不同的 VLAN 进入不同的切片。

VPN 规划

SPN 城域网内的 VPN 规划设计方案与地市共享 UPF 场景相同。SPN 省干网采用一个 ToB 用户对应一个 VPN 的设计原则，同一个行业用户的 VPN 由同一个行业切片承载。

隧道规划

SPN 城域网内的隧道规划设计方案与地市共享 UPF 场景相同。SPN 省干网采用每个 ToB 用户对应一条独立 SR-TP 隧道的设计原则，SR-TP 隧道的工作隧道和保护隧道采用不同路径，并部署 SR-TP APS 1:1 保护，用于隧道中间链路或节点故障。

OAM 检测及保护方案规划

SPN 城域网内的故障检测设计方案与地市共享 UPF 场景相同。SPN 省干网内的 L3VPN 业务通过 SR-TP OAM 检测 SR-TP 隧道的连通性，VLL 业务通过 PW OAM 检测连通性，并能在检测到缺陷或故障时迅速触发保护倒换。SR-TP OAM 和 PW OAM 检测周期建议为 10ms。

SPN 城域网内的保护倒换设计方案与地市共享 UPF 场景相同。SPN 省干网内的链路故障和中间节点故障采用 SR-TP APS 1:1 保护（L3VPN）或者 PW APS 1:1 保护（VLL），与 SPN 城域网、UPF 对接的 UNI 端口故障采用混合 FRR 保护（L3VPN）或者 MC-LAG 保护（VLL）。

性能检测规划

SPN 城域网内的性能检测设计方案与地市共享 UPF 场景相同。在 SPN 省干网与 ToB UPF 对接的 SPN 落地设备 UNI 接口处使能动态流学习功能，在 SPN 省干网的接入节点通过反向流自动学习。

8.2.5 QoS 保障方案设计

5G ToB 业务的 QoS 保障方案主要包括 QoS 优先级映射和带宽保障。

对于 QoS 优先级映射，5G ToB 遵循中国移动的优先级映射企业标准，详细内容可参考表 8-3。

对于带宽保障，SPN 通过配置 CIR 和 PIR 来保证 5G ToB 基站的带宽。对于园区入驻 UPF 场景，园区内的 5G ToB 基站 CIR 配置为 gNodeB 的理论均值流量，PIR 配置为 gNodeB 的理论峰值流量。对于地市共享 UPF 和省会 ToB 专线 UPF 场景，涉及 ToB 用户的基站 CIR 和 PIR 按照 ToC 重保基站配置。

8.3 政企专线业务设计

政企专线指面向政企客户的固定专线业务，如金融、证券、政务云等。政企专线业务从场景上可分为企业数据专线、企业云专线、互联网专线。本节分别介绍政企专线各场景的相关业务设计。

8.3.1 核心网构成

政企专线组网结构如图 8-18 所示。

企业数据专线：依托传输网络资源，为企业集团客户提供数字传输电路租用和维护服务。专线两端连接客户端设备，为客户建立安全可靠的专用数据通道。按照企业诉求和价值高低可分为高价值政企专网、行业切片专线和普通专线三类。城域内由 SPN 城域网承载，跨城域经 SPN 省干网承载。

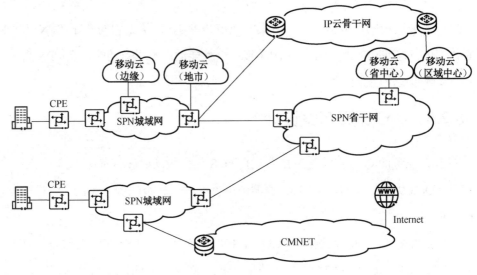

图 8-18　政企专线组网结构

企业云专线：依托丰富的云资源和网络资源，为企业上云提供差异化的入云专线、入云专网服务，提供云业务加专线业务一站式服务，具备业务自动化开通、带宽弹性可调、多样化接入等特点。企业业务通过 SPN 城域网汇聚到地市中心，经 IP 云骨干网接入移动云。

互联网专线：依托丰富的传输网络资源，为企业客户提供接入互联网的专用通道服务，具备快速接入、开通能力。企业业务经 SPN 城域网就近接入 CMNET。

8.3.2　组网方案概览

政企专线综合组网如图 8-19 所示，按照功能分为业务层、管控层、编排层、门户层四部分。

业务层包括以下部分。

● 企业接入 CPE：企业业务接入设备，用于接入 SPN 网络。CPE 通常部署在企业机房，采用链型或星型组网。

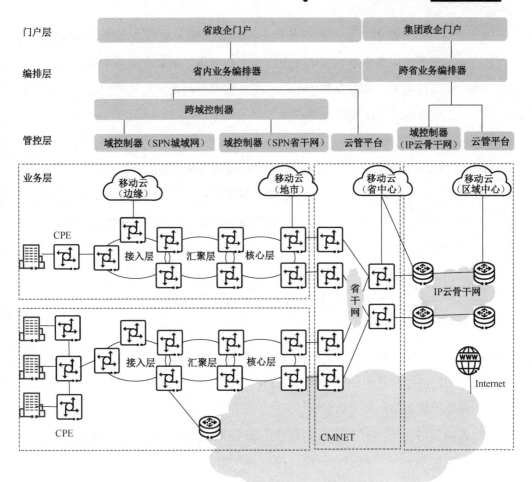

图 8-19　政企专线综合组网

- SPN 城域网：分为接入层、汇聚层、核心层。其中，接入层和汇聚层与移动承载共用，保持环形结构；集客核心层独立组网，可采用环形或口字型组网。

- SPN 省干网：用于跨地市业务互通，可与移动承载共同组网或独立组网，采用口字型树状组网。

- IP 云骨干网：用于承载跨区域企业上云和云间调度互通业务。

- CMNET：覆盖城域骨干汇聚节点，用于企业接入互联网业务。

● 移动云（数据中心）：企业私有云，或者面向企业或个人提供的公有云服务。基于应用需求不同可部署在区域中心节点，辐射全国各大地区，满足全网标准化需求；部署在省市中心，统一标准，满足属地化用户需求；按需建设、灵活部署下沉式边缘节点。

管控层包括以下部分。

● 域控制器（SPN 城域网）：负责 SPN 城域设备和业务的管理、配置、维护。

● 域控制器（SPN 省干网）：负责 SPN 省干设备和业务的管理、配置、维护。

● 跨域控制器：负责跨域、跨厂家网络端到端业务的管理、配置、维护。

● 域控制器（IP 云骨干网）：负责 IP 云骨干设备和业务的管理、配置、维护。

● 云管平台：负责云内网络、云主机设备和业务的管理、配置、维护。

编排层包括以下部分。

● 跨省业务编排器：负责跨省企业上云业务、企业互通业务的端到端编排。向下协同对接云管平台、域控制器（IP 云骨干网）、省内业务编排器。向上对接集团政企门户和工单系统。

● 省内业务编排器：负责省内企业上云业务、企业互通业务的端到端编排。向下协同对接云管平台、跨域控制器。向上对接省政企门户、跨省业务编排器。

门户层提供政企业务租户的订购和管理界面。集团业务由集团政企门户接入，省内业务由省政企门户统一接入。

8.3.3 业务流向和业务模型简介

政企专线业务流向如图 8-20 所示。

● 企业数据专线：企业终端由 CPE 或直连 SPN 接入，城域内经汇聚环、核心环就近转发互通，跨城域经由 SPN 省干网互通。

● 企业云专线：企业终端由 CPE 或直连 SPN 接入，通过城域网、省干网接入集团云骨干网，实现到区域中心、省中心、地市中心及城域边缘的任意移动云场景的灵活调度和高质量承载。基于实际需要,可配置行业或用户级的独立切片承载。

- 互联网专线:企业终端由 CPE 或直连 SPN 接入,通过城域网调度在汇聚层就近接入 CMNET 访问互联网。

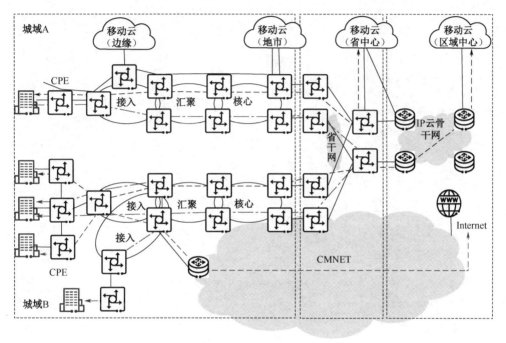

图 8-20 政企专线业务流向

为满足不同专线业务场景下企业用户对于安全隔离、网络带宽、时延保证的诉求,SPN 提供了基于 G.mtn 切片的业务模型,如图 8-21 所示。

- 网络切片维度:基于企业的业务需求和价值,可分为默认切片(无切片隔离,与移动回传、普通企业共享带宽,统计复用)、行业切片(独立切片,多个企业共享带宽,统计复用)、企业切片(与其他业务隔离,企业独享带宽)。

- 业务类型维度：按承载技术不同，可分为点到点的二层分组专线、多点互通的三层分组专网、点到点的 MTN 交叉专线，用于满足企业在不同场景下对业务带宽、时延、可靠性等的需求。

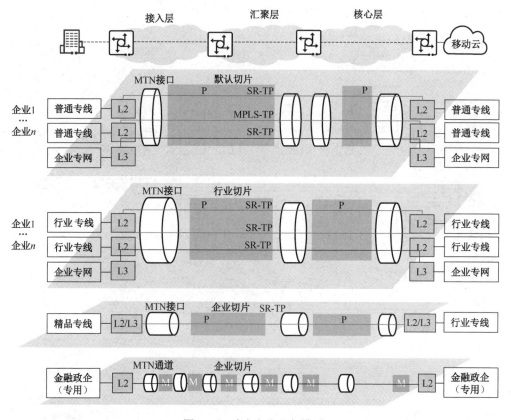

图 8-21 政企专线业务模型

8.3.4 业务方案设计

业务场景方案设计

SPN 提供 MTN 专线、分组专线、分组专网，满足不同企业数据专线承载需求。在不同场景下需要基于不同诉求，选择合适的承载方案。

企业数据专线承载方案

企业数据专线承载方案如图 8-22 所示。

- MTN 专线：L2 over MPLS-TP over MTN 通道。

  基于 MTN 通道技术为企业提供点到点互通连接，实现高可靠、低时延、硬隔离、确定性 SLA 保障。MTN 技术支持从网络入口到网络出口创建端到端资源独享的硬管道（时隙交换），实现业务转发零阻塞，并且具备动态灵活 OAM 能力，这是分组设备经过轻量化增强实现的 TDM 能力。

- 分组专线：L2 over SR-TP/MPLS-TP。

  基于分组 SR-TP 隧道技术为企业提供点到点互通连接，实现高可靠、统计复用保障。在节点或链路多点出现失效或服务质量下降时，通过多重保护机制，提供业务 50ms 快速恢复的能力，达到永久在线，提供高可靠的业务保障。

- 分组专网：L3 over SR-TP。

  基于分组 L3VPN 技术为企业提供多点互通连接，实现高效、灵活的专网连接保障，满足客户多分支机构多点互联、敏捷部署的业务需求。

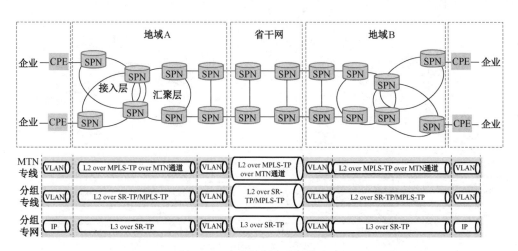

图 8-22　企业数据专线承载方案

企业云专线承载方案

企业云专线承载方案如图 8-23 所示。

- MTN 专线：L2 over MPLS-TP over MTN 通道。

  用于重要企业用户接入上云场景。客户侧部署 CPE 或直连 SPN，通过城域网、省干网接入集团云骨干网，实现一点入多云、多点入多云调度。基于 G.mtn 通道技术，实现高可靠、低时延、硬隔离、确定性 SLA 保障。

- 分组专线：L2 over SR-TP/MPLS-TP。

  用于普通企业用户接入上云场景。客户侧部署 CPE 或直连 SPN，通过城域网、省干网接入集团云骨干网，实现一点入多云、多点入多云调度。在节点或链路多点出现失效或服务质量下降时，通过多重保护机制，提供业务 50ms 快速恢复的能力，达到永久在线，提供高可靠的业务保障。

- 分组专网：L3 over SR-TP。

  基于分组 L3VPN 技术为企业提供云专网连接。客户侧部署 CPE 或直连 SPN，通过城域网、省干网接入集团云骨干网，实现一点入多云、多点入多云、多分支互通场景的灵活调度和高质量承载。对于重要租户，提供用户级独立切片承载能力。

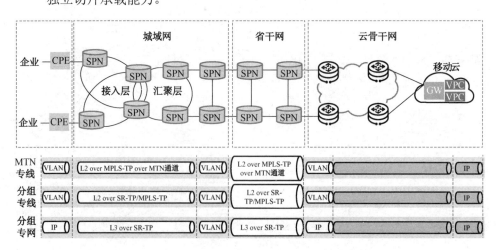

图 8-23　企业云专线承载方案

互联网专线承载方案

SPN 采用分组专线（L2 over SR-TP/MPLS-TP）承载企业互联网专线业务，如图 8-24 所示。基于分组隧道技术为企业提供互联网连接能力，在保障可靠性的基础上实现最大化统计复用。

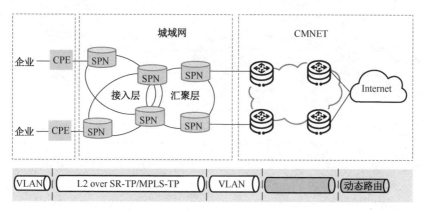

图 8-24 互联网专线承载方案

业务规划设计

域内专线业务方案设计

域内专线业务方案设计如图 8-25 所示。

- VPN 规划：企业通过 VLAN/IP 对接，并在企业双端接入点规划 L2VPN（专线）、L3VPN（专网）承载专线业务。

- 隧道规划：端到端部署隧道，包括 MTN 通道、SR-TP 隧道、MPLS-TP 隧道，基于不同需求和不同专线类型选择不同的隧道。

- OAM 检测规划：故障检测采用分层部署，链路层部署 FlexE Group OAM，隧道层基于隧道类型可以选择部署 MTN 通道 OAM、SR-TP/MPLS-TP OAM，业务层可以选择部署 IOAM、ETH OAM，用于端到端 SLA 性能检测和故障运维。

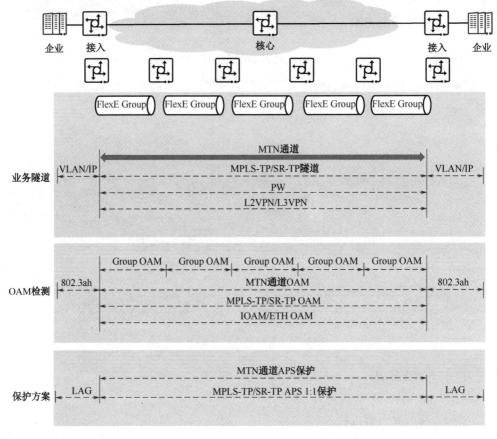

图 8-25　域内专线业务方案设计

● 保护方案规划：部署外层隧道保护，基于不同专线类型可以选择 MTN 通道 APS 保护、SR-TP/MPLS-TP APS 保护，并且支持隧道重路由，增强可靠性。UNI 对接采用 LAG 保护。

跨域专线业务方案设计

跨域专线业务方案设计如图 8-26 所示。

● VPN 规划：企业通过 VLAN/IP 对接，并在企业双端接入点规划 L2VPN（专线）、L3VPN（专网）承载专线业务。

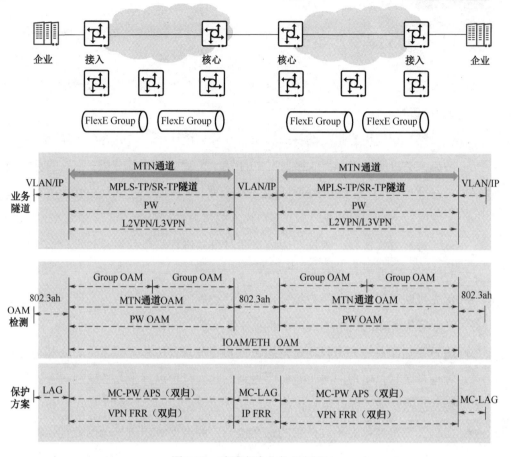

图 8-26　跨域专线业务方案设计

- 隧道规划：端到端部署隧道，基于不同专线类型可以选择 MTN 通道、SR-TP 隧道、MPLS-TP 隧道。

- OAM 检测规划：分层部署，链路层采用 FlexE Group OAM，隧道层采用 PW OAM，业务层可以部署 IOAM、ETH OAM，用于端到端 SLA 性能检测和故障运维。

- 保护方案规划：二层业务部署 PW 双归 MC-PW APS，UNI 对接采用 MC-LAG 保护；三层业务部署双归 VPN FRR，UNI 对接 IP FRR 保护；支持 SR-TP 隧道重路由能力，增强可靠性。

QoS 保障方案设计

政企专线业务 QoS 保障方案主要包括流分类、带宽限速、优先级映射、隧道带宽、队列调度策略等。

- 流分类：识别用户报文的特殊标识进行分类统计处理，分为简单流分类和复杂流分类。简单流分类即根据报文的 VLAN 优先级进行分类；复杂流分类可根据报文中的一些复杂字段对报文进行分类，字段可以是 MAC、IP、类型等。

- 带宽限速：对于用户从 UNI 接口接入的流量进行限速，通常采用 CAR（流量监管）方式实现，根据令牌桶算法对报文进行染色标记，超过传输速率限制的报文将被丢弃（限速）。

- 优先级映射：指识别用户报文优先级并按规则映射到设备内部或直接固定一类业务优先级的处理方式。企业业务接入通常采用后者。

- 隧道带宽：首先，可以通过隧道带宽和物理带宽校验（隧道带宽之和不超过物理带宽），实现网络带宽有序规划；其次，可以基于业务队列缓存实现对突发流量整形，提升用户体验。

- 队列调度策略：对不同队列的报文按一定的调度算法进行调度处理，常用调度策略包括绝对优先级（Strict Priority，SP）调度、严格按照队列优先级调度、加权公平队列（Weighted Fair Queuing，WFQ）、基于各队列配置的权重值进行轮询调度。

政企专线业务 QoS 保障方案如表 8-5 所示。

表 8-5 政企专线业务 QoS 保障方案

分类	方案描述
流分类	基于端口+VLAN/DSCP
带宽限速	采用 VUNI CAR 限速，CIR=PIR=用户签约带宽 跨城域业务只在接入侧部署
优先级映射	将用户报文优先级统一映射到 AF1～AF4、EF（根据客户业务等级如金牌客户、白金客户等设置） 需要注意的是出方向不做映射

续表

分类	方案描述
隧道带宽	配置 CIR＝PIR＝ 客户签约带宽×网络侧带宽配置系数。网络侧带宽配置系数基于隧道封装效率计算
队列调度策略	所有业务默认调度策略为 SP。可配置为 WFQ，WFQ 权重值可根据需要定义

8.4 广电共建共享业务设计

2020 年 5 月 20 日，中国移动宣布与中国广电签署 5G 共建共享合作框架协议，基于"平等自愿，共建共享，合作共赢，优势互补"的总体原则，开展 700MHz 无线网络共建共享，以及内容和平台合作。

- 网络建设：双方按 1∶1 比例共同投资建设 700MHz 无线网络，共同所有并有权使用 700MHz 无线网络资产。

- 网络维护：中国移动将承担 700MHz 无线网络运行维护工作，中国广电向中国移动支付网络运行维护费用。

- 共享策略：中国移动向中国广电有偿提供 700MHz 频段 5G 基站至中国广电在地市或者省中心对接点的传输承载网络，并有偿开放共享 2.6GHz 频段 5G 网络。

- 品牌运营：在保持各自品牌和运营独立的基础上，共同探索产品、运营等方面的模式创新，开展内容、平台等多方面深入合作，并开展渠道、客户服务等方面的合作运营。

2021 年 1 月 26 日，中国移动和中国广电正式签署"5G 战略"合作协议，包括《5G 网络共建共享合作协议》《5G 网络维护合作协议》《市场合作协议》《网络使用费结算协议》。

本节主要介绍广电共建共享业务设计。

8.4.1 核心网构成

在广电共建共享业务中，700MHz 基站由中国移动建设，中国广电共享。基站的数量和位置取决于人口密度、基站容量和无线信号等因素，基站通常就近接入位于运营商机房的 SPN 接入设备。

中国移动和中国广电各自建设 5G 核心网，独立运营。中国广电的 5G 核心网控制平面采用大区制集中部署，用户平面在省中心部署。基站到核心网的 SPN 承载网由中国移动代建代维，按照分权分域策略进行运维。

广电共建共享核心网构成如图 8-27 所示。

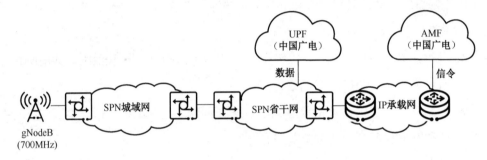

图 8-27　广电共建共享核心网构成

对于广电共建共享核心网，基站接入由 SPN 城域网和 SPN 省干网对接承载，跨省中心到区域中心的省际范围由 IP 承载网承载。

8.4.2 组网方案概览

基于中国移动和中国广电的合作协议，700MHz 基站共建共享端到端的业务组网，包括无线 700MHz 基站、承载网、核心网。其中，双方共建 700MHz 基站，中国广电自建 5G 核心网，中国移动通过有偿共享的方式向中国广电提供 5G 业务承载服务，承载网采用 SPN 网络。

广电共建共享业务组网如图 8-28 所示，中国移动和中国广电共建共享的 700MHz 5G 基站与中国移动的 2.6GHz 5G 基站共用中国移动的 SPN 承载网。网络架构整体沿用现有 SPN 网络架构，在现有 SPN 网络基础上进行架构升级，增加 SPN 省干网，并且通过增加接入层覆盖的方式承载 700MHz 5G 基站业务。

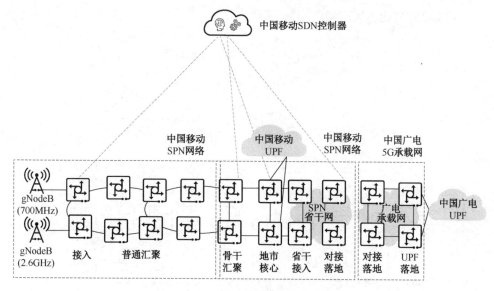

图 8-28　广电共建共享业务组网

广电共建共享业务的 SPN 承载网采用 4 层网络架构。

- 接入层：城区、县城和乡镇采用 50GE 组网，支持 G.mtn 网络切片，具备升级 100GE 能力；农村初期可采用 10GE 组网，中后期具备升级 50GE 能力，具有 ToB 业务接入需求的区域或者具有潜在 ToB 接入需求的区域采用 50GE 组网。

- 汇聚层：初期采用支持 G.mtn 切片的 100GE 组网，中后期具备升级 200GE 能力。

- 核心层：初期采用支持 G.mtn 切片的 200GE 组网，中后期具备升级 400GE 能力。

- SPN 省干网：初期采用支持 G.mtn 切片的 100GE/200GE 组网，中后期可按需升级和扩容。

根据无线站型的不同，2.6GHz 5G 基站可采用 10GE 或者 25GE 接口，700MHz 5G 基站采用 10GE 接口。

8.4.3 业务流向和业务模型简介

广电共建共享业务流向如图 8-29 所示。

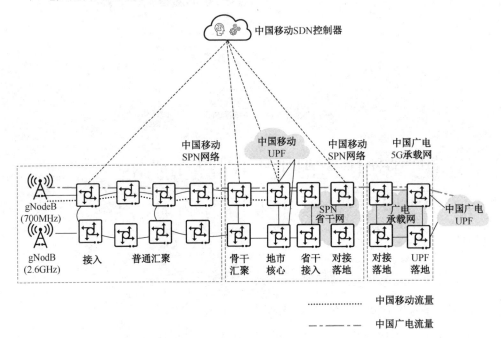

图 8-29　广电共建共享业务流向

中国移动和中国广电的 5G 核心网 UPF 不同，两者业务路径也不同。

● 中国移动 5G 核心网 UPF 位于地市，700MHz 基站的流量经过中国移动的
  SPN 城域网后终结于本地市的 UPF。

● 中国广电 5G 核心网 UPF 位于省中心，700MHz 基站的流量经过中国移动的
  SPN 城域网和 SPN 省干网后对接中国广电的 5G 承载网，经过中国广电的
  5G 承载网后终结于省中心的 UPF。

作为两家独立的 5G 运营商，中国广电和中国移动有各自的网络服务指标和
SLA 诉求，为满足两家对于安全隔离、网络带宽、SLA 保证的诉求，SPN 提供基于
G.mtn 切片的 5G 业务模型。如图 8-30 所示，模型采用资源层（G.mtn 切片）、隧道
层（SR-TP）、业务层（分层 L3VPN）的分层结构。在切片通道层 SPN（含 SPN 城

域网和 SPN 省干网）提供 G.mtn 切片，在 G.mtn 切片内的切片分组层部署 SR-TP 隧道，在业务层提供分层 L3VPN 并承载在 SR-TP 隧道上。

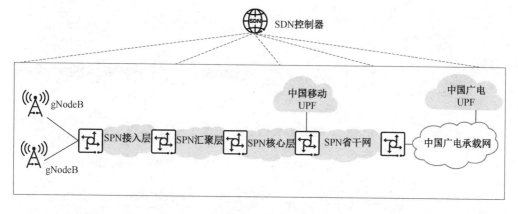

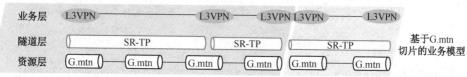

图 8-30　广电共建共享业务模型

8.4.4　业务方案设计

和其他业务一样，广电共建共享业务方案设计也包括网络切片规划、VPN 规划、隧道规划、OAM 检测和保护方案规划、性能检测规划几方面。考虑到广电共建共享业务覆盖范围，业务方案设计分城镇地区和边远地区两种场景来介绍。

城镇地区广电共建共享业务方案设计

城镇地区广电共建共享业务方案设计如图 8-31 所示。

网络切片规划

中国移动在 SPN 承载网上为中国广电部署独立的 G.mtn 切片，SPN 与 gNodeB 或 UPF 之间通过 VLAN 进行切片映射，中国移动和中国广电采用不同 VLAN 隔离，SPN 根据 VLAN ID 进入不同的切片。在 700MHz 业务初期，接入层为中国广电分配 5～10Gbit/s 切片带宽，汇聚层和核心层分配 10Gbit/s 切片带宽，中后期切片带宽按需扩容。

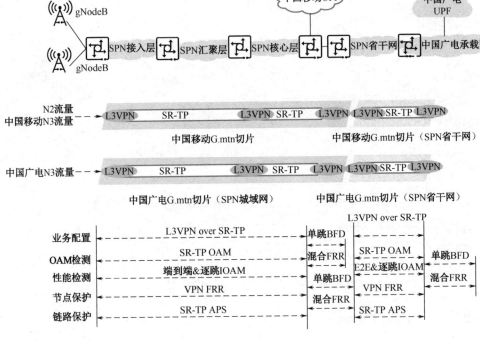

图 8-31　城镇地区广电共建共享业务方案设计

VPN 规划

中国广电切片内部署中国广电专用的分层 L3VPN 业务，分层点设置在骨干汇聚层，支持 IPv4 和 IPv6 双栈部署。在同一个 700MHz 物理基站分别规划中国移动和中国广电两个 IP 地址，中国广电基站 IP 地址可以独立规划或者与中国移动统一规划。

隧道规划

中国广电部署独立的 SR-TP 隧道，基于隧道做差异化 QoS 策略部署。SR-TP 隧道的工作隧道和保护隧道采用不同路径，并部署 SR-TP APS 1:1 保护，用于隧道中间链路和中间节点故障。

OAM 检测及保护方案规划

700MHz 5G 基站的业务通过 SR-TP OAM 检测 SR-TP 隧道的连通性，并能在检测到缺陷或故障时迅速触发保护倒换，SR-TP OAM 检测周期建议为 10ms。可按需在接口上部署 IPv4/IPv6 BFD，满足 50ms 保护倒换时间要求。

关于保护倒换设计，SPN 网络业务节点故障采用 VPN FRR 保护，链路故障和中间节点故障采用 SR-TP APS 1:1 保护。SPN 网络与 UPF 对接端口采用单跳 BFD 进行故障检测，出现故障时采用混合 FRR 保护。

业务路径上不同链路和节点故障的详细保护方案设计可参考 5G ToC 业务保护方案规划部分。

性能检测规划

SPN 网络内部署 E2E 和逐跳 IOAM 性能检测，针对中国移动和中国广电独立部署，可以分别进行业务性能检测。在城域 SPN UNI 接口处部署 IOAM 动态流学习功能。在 SPN 接入节点通过反向流自动学习，无须配置。

边远地区广电共建共享业务方案设计

对于边远地区，700MHz 5G 基站需要通过 PTN 网络接入，以解决 SPN 网络未覆盖边远地区的问题。在该场景下，接入层和汇聚层采用已有的 PTN 网络，核心层使用 SPN 网络。边远地区广电共建共享业务方案设计如图 8-32 所示。

网络切片规划

由于 PTN 网络不支持网络切片，所以接入层和汇聚层的 PTN 网络不为中国广电部署网络切片。核心层的 SPN 网络与城区的 SPN 网络采用同样的切片策略，中国移动和中国广电分切片承载。

VPN 规划

在接入层和汇聚层的 PTN 网络内，中国移动和中国广电采用各自的 MC-PW 承载。在核心层，中国移动和中国广电各自部署 L3VPN 业务，共用城区场景的核心层 L3VPN。SPN 的 SPE 节点支持 IPv4 和 IPv6 双栈部署，在同一个 700MHz 物理基站分别规划中国移动和中国广电两个 IP 地址，中国广电基站 IP 地址可以独立规划或者与中国移动统一规划。

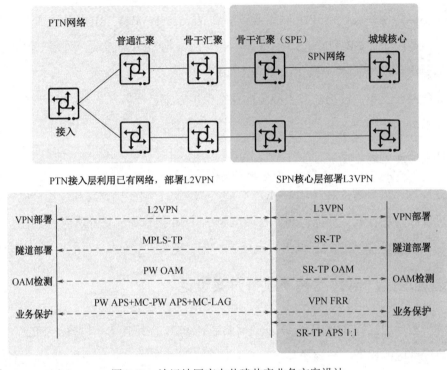

图 8-32　边远地区广电共建共享业务方案设计

隧道规划

在接入层和汇聚层的 PTN 网络内采用 MPLS-TP 隧道，中国移动和中国广电各自独立承载。在核心层的 SPN 网络内采用 SR-TP 隧道，中国移动和中国广电各自独立承载，SR-TP 隧道的工作隧道和保护隧道采用不同路径，并部署 SR-TP APS 1:1 保护，用于隧道中间链路和中间节点故障。

OAM 检测及保护方案规划

在接入层和汇聚层的 PTN 网络内采用 MC-PW OAM 检测连通性，并在检测到缺陷或者故障时触发保护倒换。核心层的 SPN 网络采用 SR-TP OAM 检测 SR-TP 隧道的连通性，并在检测到缺陷或故障时迅速触发保护倒换。MC-PW OAM 和 SR-TP OAM 检测周期建议为 10ms。

在接入层和汇聚层的 PTN 网络内采用 MC-PW APS 1:1 保护。在核心层的 SPN 网络内节点故障采用 VPN FRR 保护，链路故障和中间节点故障采用 SR-TP APS 1:1 保护。

性能检测规划

在接入层和汇聚层的 PTN 网络内采用 PW OAM 性能检测，针对中国移动和中国广电独立部署，可以分别进行业务性能检测。

核心层的 SPN 网络采用端到端或逐跳 IOAM 性能检测，针对中国移动和中国广电独立部署，可以分别进行业务性能检测。

8.4.5 QoS 保障方案设计

广电共建共享业务在 SPN 网络上的 QoS 保障主要分为 QoS 优先级映射和带宽保证两部分。

对于 QoS 优先级映射，中国移动和中国广电统一遵循中国移动的优先级映射企业标准。基站、核心网等根据业务类型设置报文 DSCP、802.1p 值，SPN 网络边缘接入点根据报文携带的 DSCP、802.1p 值，映射到 SR-TP、SR-BE 隧道的 EXP 中，途径网元根据 EXP 值进行优先级调度。详细内容可参考表 8-3。

对于带宽保证，中国移动和中国广电通过切片带宽规划和差异化 CIR/PIR 部署来实现各自的 SLA 保证。基于中国移动和中国广电的 5G 用户规模，初期可以按照下面的参数配置 CIR 和 PIR 带宽，其中 1020Mbit/s 是 700MHz 基站的峰值带宽，后期可以按照实际需求调整。

对于无线 1 框 1 站站型：

- 中国移动：CIR=20Mbit/s，PIR=1020Mbit/s

- 中国广电：CIR=20Mbit/s，PIR=1020Mbit/s

对于无线 1 框 2 站站型：

● 中国移动：CIR=40Mbit/s，PIR=1020Mbit/s

● 中国广电：CIR=40Mbit/s，PIR=1020Mbit/s

第 9 章

SPN 部署和运维

本章重点介绍 5G 移动通信中 SPN 承载网的总体部署方案和日常维护手段。

9.1 总体部署方案

9.2 网络规划和网络部署

9.3 网络运维

9.1 总体部署方案

中国移动在 4G 阶段大量采用 PTN 移动承载网方案。为了保护已有投资，当前 5G 承载网部署方案包括 PTN 网络扩容、PTN 网络升级和新建 SPN 网络。

- PTN 网络扩容：利用存量 PTN 设备的机柜、槽位（包括网管系统）等资源，扩容板卡，并充分利用现有 PTN 环路容量。

- PTN 网络升级：通过软件功能升级和硬件升级替换，按需扩容，最终实现 SPN 系统的完整功能，并与新建 SPN 网络融合。

- 新建 SPN 网络：原则上以省为单位新建网管系统，用新建的 SPN 网络承载 5G 基站。当前新增的 4G 基站既可以通过原有的 PTN 网络承载，也可以通过 SPN 网络承载。

新建的 SPN 网络不可避免地要与已有的 PTN 网络互通。SPN 网络和 PTN 网络互通应选择核心节点或者重要汇聚节点（L3 节点）。

不同部署方案的适用场景和优缺点如表 9-1 所示。

表 9-1　不同部署方案的适用场景和优缺点

部署方案	PTN 网络扩容	PTN 网络升级	新建 SPN 网络
适用场景	5G 基站部署数量少且不部署 uRLLC 业务 5G 基站上行接口速率不超过 10GE	支持 5G 多数场景 带宽需求适中的场景 在光纤、机房有限的情况下，需要一张网支撑 3G/4G/5G 业务发展	支持 5G 各种场景 带宽需求大的场景 基础资源（机房、光纤）丰富，可以支撑新平面建设
优点	投入小，工程难度小，维护简单	投入小，见效快，维护简单 基本可以满足 5G 需求	全新网络，起点高 不影响现网业务，充分保留现网资源能力 引入新技术不受限制 未来可以向一张网架构演进
缺点	无法支撑 5G 规模部署 无法满足 uRLLC 业务低时延要求	按照现网格局升级，现网大部分设备须升级改造，割接工作量大	初期投入大 两个平面，增加基础资源消耗（机房、光纤、电源等）

9.2　网络规划和网络部署

本节主要介绍 SPN 网络中的物理设备选择及具体部署步骤。

9.2.1　网络规划

在 SPN 5G 承载解决方案中，城域网可部署 L2VPN+L3VPN 方案或分层 L3VPN 方案来满足 5G 承载需求，如图 9-1 所示。

● 已部署 10GE 接入环的存量网络，可部署 L2VPN+L3VPN 方案满足 5G 初期业务承载需求，保护已有投资。

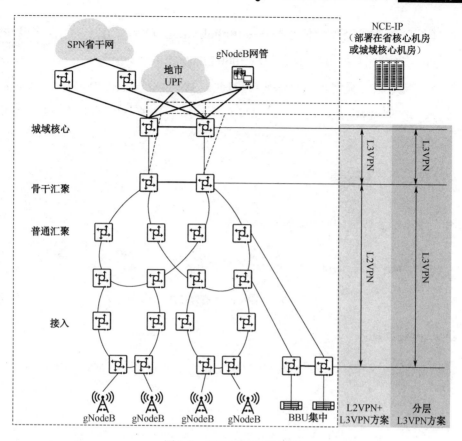

图 9-1　SPN 城域网规划图

● 新建的接入环，可按需部署 L2VPN+L3VPN 方案或分层 L3VPN 方案。

具体业务规划设计可参考第 7 章和第 8 章的相关内容。

对于 SPN 城域网各层级适用的设备及部署建议如下。

● 接入层建议采用 PTN 990E/990/980/980B/970C/970 设备组成 10GE/50GE 接

入环，业务量小的区域可以选用 PTN 990E/990/980/980B/970C/970 设备组成

10GE 接入环。

● 综合接入（BBU 集中）节点建议采用 PTN 7900-12/PTN 7900E-12/PTN

990E/PTN 990 设备。

● 普通汇聚节点建议采用 PTN 7900E-32/PTN 7900E-24/PTN 7900-32/PTN 7900-

24 设备组成 100GE/200GE 汇聚环。

● 骨干汇聚节点及城域核心节点采用 Full-Mesh 口字型组网，建议采用 PTN 7900E-32/PTN 7900-32 设备组成 100GE/200GE 核心环。

组网完成后，根据规划部署 L2VPN+L3VPN 或分层 L3VPN 方案承载 5G 业务，在城域核心节点或骨干汇聚节点终结后接入 5G 核心网（UPF/AMF/SMF）。

9.2.2 网络部署

SPN 网络部署流程如图 9-2 所示。

图 9-2　SPN 网络部署流程

DCN 网络规划

根据外部 DCN 网络规划 SPN 网关网元和非网关网元，包括对应的网元名称、网元 IP、网元 ID。

网元调测

在 NCE 中添加 SPN 网元，根据规划配置成网关网元和非网关网元，并修改对应的网元名称、网元 IP、网元 ID，创建链路。

5G 基本配置部署

首先，规划 LSR ID、IGP、端口 IP 资源池。

其次，根据规划的资源池自动给设备下发基础配置，如 LSR ID、端口 IP、IS-IS 实例、BGP-LS、PCEP、FlexE 链路配置、路由引入策略及 SR 配置等。打通 NCE 与设备的控制平面，以便后续配置 SR-TP 隧道及 5G 相关业务。

5G 业务部署

首先，配置 SR-TP 隧道和 APS 保护。

其次，创建 5G L3VPN 并添加 NPE/SPE/UPE 节点。SPE 节点配置基站的网段路由，NPE 节点添加对接核心网的 UNI 接口，UPE 节点添加对接基站的 UNI 接口。如果是 L2+L3 动态 VPN 场景，则不需要在 UPE 和 SPE 节点之间配置 SR-TP 隧道，而是在 SPE 节点配置 VE 组，并在接入网元与 SPE 节点配置一源两宿的 PWE3 双归业务。

再次，在 NPE 节点添加目的地址为核心网 IP 的用户侧路由，并在 UNI 接口配置单跳 BFD，用户侧路由配置跟踪单跳 BFD。

最后，在 NPE 节点配置防止 UNI 主备链路同时故障引起的路由环路的相关配置。

时钟部署

通过智能时钟 App 可以自动根据规划的时钟源，选择需要下发时钟配置的网元，按照标准的时钟方案自动规划时钟相关的配置并下发到设备。

IOAM 部署

全网时钟同步后，在所有网元全局开启 IOAM 功能，然后在 NPE 节点的 UNI 端口使能 IOAM 自动流学习功能，设备会根据实际业务流程生成核心网到基站方案的 IOAM 流统计功能。如果存在从基站到核心网的反向流量，也会自动生成反向的 IOAM 流统计功能。

至此，SPN 5G 网络部署完成。

9.3 网络运维

移动网络从 LTE 逐渐演进到 5G，无线业务对带宽、时延等提出了更高要求，也对 SPN 移动承载网提出了新的要求，使传统运维方式面临挑战。

- eMBB 的运维：数据量庞大，采集回传困难，传统运维工具无法满足要求，须考虑运维工具实时在线。

- uRLLC 的运维：要求故障恢复达到毫秒级。对承载网外部故障，要求提供快速、精准的测量手段以自证清白。对承载网内部故障，要求快速定位故障点，指导客户对故障进行隔离、修复。

- mMTC 的运维：要求灵活、自定义的业务场景，实现智能运维。

本节主要介绍传统运维方式、当前采用的智能运维手段及智能运维的进一步发展。

9.3.1 设备维护

SPN 设备采用绿色节能设计，可根据使用情况关闭不必要的模块，实现动态节能；硬件高密度、大容量设计可有效减少平均端口能耗；风扇采用智能调速设计，可根据环境温度的变化，动态调节风扇转速，使单板温度保持在可靠工作范围内。

一般情况下，设备出现问题主要有如下几个原因。

- 风扇失效后，未及时更换。

  PTN 设备的风扇盒中有多个风扇，如果其中一个风扇失效，其他风扇就会全速转动，导致噪声过大。

- 防尘网或防火网未定期清理。

  防尘网和防火网安装在进风口，长时间未清理会积尘严重，导致散热不佳。为保证设备正常运行，风扇转速会提高，噪声也随之提高。

- 设备产生紧急告警后，未及时处理。

  PTN 框式设备早期版本安装有蜂鸣器，当设备产生紧急告警时，蜂鸣器会发出尖锐的响声。

设备安装环境及建议处理措施如表 9-2 所示。

表 9-2　设备安装环境及建议处理措施

环境分类	环境描述	安装环境举例	建议处理措施
A 类环境	指温湿度受控的室内安装环境	标准中心机房或通信方舱	按照 6 个月一次的频度清扫防尘网 按照 12 个月一次的频度清扫防火网

环境分类	环境描述	安装环境举例	建议处理措施
B 类环境	指温湿度部分受控或不受控的室内环境，或者一般的室外环境（包括只有简单遮蔽措施，以及环境湿度偶尔会达到100%的情况）	楼道挂墙安装	按照 3 个月一次的频度清扫防尘网 按照 6 个月一次的频度清扫防火网
		非温控棚屋，如居民楼顶层的阁楼等	
		简易机房、平房及居民楼内布放的机房等	
		此类机房的特点：有空调，使用市电，密封条件较差	
		楼内公共区域，如电梯间、清洁间	
C 类环境	污染源附近的陆地室外环境。污染源附近是指在以下半径范围内的区域：距离盐水（如海洋、盐水湖）3.7 千米，距离冶炼厂、煤矿、热电厂等重污染源 3 千米，距离化工、橡胶、电镀等中等污染源 2 千米，距离食品、皮革、采暖锅炉等轻污染源 1 千米 只有简单遮蔽措施（如遮阳棚）的环境 海洋上的环境	户外、居民楼天台等	
		在 B 类环境中安装，但安装点靠近海边或其他污染源。地下停车库归为此类环境	

9.3.2 业务故障定位

故障定位基本原则

故障定位的基本原则可总结为三句话：先主后次、由外而内、逐步深入。

先主后次

如图 9-3 所示，故障产生时通常伴随告警，首先需要分析告警。应先分析高级别的告警（如紧急告警、主要告警），再分析低级别的告警（如次要告警和提示告警）。对于相同级别的告警，应先分析底层告警，再逐步向上层分析。

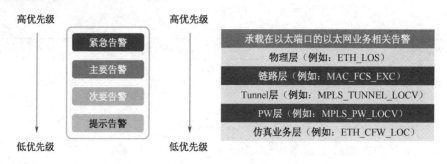

图 9-3 先主后次

由外而内

如图 9-4 所示,在界定故障类型时,应先排除外部因素,如链路故障、电源故障、温度过高等;其次要排查配置是否正确,如时钟跟踪、对接参数、门限设置等;最后才是具体定位故障点。

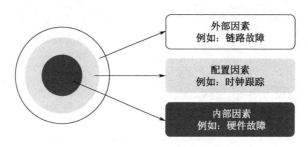

图 9-4 由外而内

逐步深入

如图 9-5 所示,在定位故障点时,要遵循逐步缩小范围的原则,先确认是网络侧问题还是用户侧问题,然后进一步确定是某段链路问题或故障网元的某块单板问题。

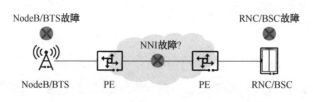

图 9-5 逐步深入

常用方法比较

当故障发生时，首先，通过对告警、性能事件、业务流向的分析，初步判断故障范围；然后，排除外部故障或将故障定位到单个网元，并进一步定位到单板；最后，更换引起故障的单板，排除故障。

常用故障定位方法如表9-3所示。对于较复杂的故障，需要综合使用多种方法。

表9-3 常用故障定位方法

方法	简介	适用范围	特点
告警分析法	常用方法之一 查询当前或历史发生的告警和性能事件，辅助判断发生故障的类型、时间和位置 查看设备机柜和单板的运行灯、告警灯的状态，了解设备当前的运行状况	通用	全网分析，可预见设备隐患，不影响正常业务
性能统计分析法	通过"当前性能"和"RMON 性能"来分析单板、端口、Tunnel、PW 的性能统计数据是否正常，以此来判断是否存在故障	通用	全网分析，可预见设备隐患，不影响正常业务
OAM分析法	OAM 机制可以有效地检测和监控各个层面的内部运行状态。通过相应的 OAM 功能，可以实现故障点的定位或运行状态的监控	通用	定位问题层次清晰
配置数据分析法	通过分析业务的配置参数，找到不合理的配置，从而定位故障 在某些特殊的情况下，如外界环境条件突然改变或误操作，可能会使设备的配置数据（网元数据和单板数据）遭到破坏或改变，导致业务中断等故障的发生。这时需要对配置数据进行排查，内容包括但不限于：端口相关配置、业务相关配置、隧道相关配置、保护相关配置	将故障定位到具体配置项	常用于新建或修改配置时出现的问题
仪表测试分析法	通过外部介入的方式来判断网络运行状态，一般用于定位设备的外部问题及与其他设备的对接问题 主要应用在如下场合： 若怀疑电源供电电压过高或过低，则可以用万用表进行测试 若怀疑对接不上是由于流量异常，则可通过相应的分析仪表观察接收信号是否正常，是否有异常告警等	分离外部故障，解决对接问题	故障呈现直观，需要测试仪表

方法	简介	适用范围	特点
仪表测试分析法	若怀疑是某段中间网络有故障，则可以通过相应的分析仪表在该网络的两侧打业务流，观察业务流是否收发正常 通过仪表测试分析法定位故障，说服力比较强。缺点是需要仪表，同时对维护人员的要求比较高	分离外部故障，解决对接问题	故障呈现直观，需要测试仪表
环回测试分析法	通过环回隔离的方式将故障范围逐步缩小，并进一步准确定位到单站甚至单板。其操作可能会对业务造成影响，需要向客户提前申请 该方法主要用于以下场景： 确定故障是否在 SPN 网络内部 确定故障点具体在哪个网元	将故障定位到单站，或者分离外部故障	影响正常业务，但可以把故障点锁定到网元
排除法	排除法是通过在复杂的故障现象中分析故障的共同点，排除运行正常的部分，以缩小故障范围的方法	适用于定位同时产生且具有某些规律的大量故障	在特定场景下能快速定位故障点

9.3.3 智能运维发展

在 5G 和云时代，VR、AR 业务快速增长，5G 在 2B 垂直行业具有巨大的市场空间。跨行业多业务通过 5G 网络进行使能，给 5G 承载网的 SLA 保障带来了极大挑战。

SLA 可承诺是承载网为垂直行业提供服务的基础，差异化 SLA 将让运营商在同质化业务竞争中胜出。SLA 保障要求时延可承诺，需要超高可靠、超低时延的网络质量。例如，直播类业务要求实现画面无花屏、无卡顿，必须做到零丢包、低时延（小于 20ms）；工业控制网络要求时延不超过 2ms；车联网要求时延不超过 5ms；远程 B 超和远程急救要求时延小于 10ms，没有丢包丢帧。

当前，5G 网络与存量的 2G/3G/4G 网络并存，网络连接更复杂，基站更密，业务更多，发生质差时定位难度更大，给 5G 网络的运维带来了前所未有的挑战。

基于移动承载业务的 SLA 保障和运维诉求，华为面向 SPN 组网场景，基于智能检测技术、大数据分析技术、AI 算法等，实现业务 SLA 实时可视和智能定界定位。智能运维界面如图 9-6 所示。

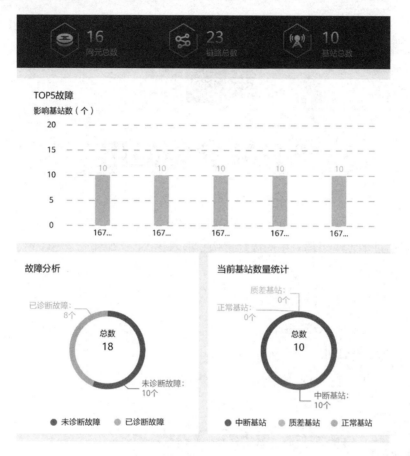

图 9-6 智能运维界面

此外，华为还推出了一些服务工具来辅助运维。例如，ISPA（Intelligent Service Process Automation）提供智能服务流程自动化，聚焦客户网络规划及运维诉求，通过"指标地图"快速感知网络故障，精准检测每个业务的时延、丢包等性能参数，通过"网络洞察"端到端呈现故障，让用户直观地观察网络质量变化情况。

SPN 设备基于自动驾驶网络（Autonomous Driving Network，ADN）理念，在智能运维方向持续演进，打造业务实时开通、按需随选、SLA 可保障、零中断的网络，实现基于位置、业务和用户的最佳体验。

第10章

SPN 典型应用

本章通过多种应用场景中的成功案例来展示 SPN 是如何满足 5G 时代运营商的综合业务承载需求的。

10.1 移动承载 5G ToC 业务

10.2 移动承载 5G ToB 业务

10.3 政企专线业务

10.4 广电共建共享业务

10.1 移动承载 5G ToC 业务

随着 5G 网络的发展，基于 VR/AR 的超高清视频和云游戏等特色业务开始蓬勃发展。

VR 是利用计算机技术模拟产生一个三维空间的虚拟世界，为使用者提供视觉、听觉、触觉等感官模拟，让使用者如同身临其境，可以及时、没有限制地观察三维空间内的事物。AR 是通过计算机技术，将虚拟的信息应用到真实世界，将真实的环境和虚拟的物体实时叠加在一起。使用者可以轻松地在现实场景中辨别出虚拟对象，并对其发号施令。

VR 在个人消费和企业级市场的多个领域都有着重要的应用价值，如视频点播与直播、社交、游戏、教育培训、旅游与展览、工业与建筑设计、医疗和军事等领域。按照应用场景可以划分为实景类（弱交互类）和虚拟类（强交互类）。

- 实景类：以 360°全景技术为主，如演唱会、体育赛事直播、VR 视频会议等。
- 虚拟类：以 CG 技术和复杂的计算机图形渲染为主，如大型游戏、虚拟社交、VR 教学等。

这些新兴业务是 5G 用户规模扩大的重要驱动力。2021 年，5G 用户规模已突破3.5 亿。

10.1.1 业务需求

VR/AR 需要强大的数据传输、存储和计算能力，单机版 VR/AR 对终端设备的性能要求高。而 Cloud VR/AR 将 VR/AR 的数据和计算密集型任务转移到云端，利用云端服务器的数据存储和高速计算能力，降低了对终端设备的性能要求，使强交互类应用更方便实现不同用户间的互动；同时，将内容存储在云端也有利于内容厂商的版权保护。

Cloud VR/AR 在为用户带来更真实的感官体验的同时，对传输网络也提出了更高的要求，尤其是对网络带宽和时延的要求，如表 10-1 所示。

表 10-1　Cloud VR 业务的带宽要求

Cloud VR 业务	码率要求	带宽要求
4K VR 视频	30～40Mbit/s	45～60Mbit/s
8K VR 视频	80～120Mbit/s	120～160Mbit/s
12K VR 视频	300～400Mbit/s	500～600Mbit/s
3K 游戏	30～40Mbit/s	60～80Mbit/s
4K 游戏	80～120Mbit/s	120～160Mbit/s

端到端时延（Round Trip Time，RTT）由终端时延、网络时延及云端时延组成。当前，主流云游戏舒适体验端到端时延要求为 20～50ms，极致体验端到端时延要求为 5～20ms。用户体验不同，对时延的要求也不同。

VR 业务需求如图 10-1 所示。

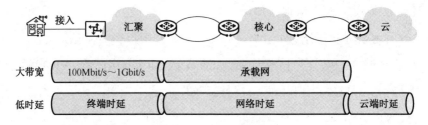

图 10-1　VR 业务需求

现网方案和优势

SPN 采用优享通道方案动态提升 VR 游戏用户体验。如图 10-2 所示，承载网基于 VLAN+DSCP 感知业务优先级，优享优先级用户通过带宽弹性扩展动态提速。

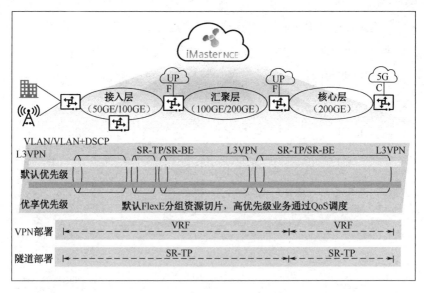

图 10-2　SPN ToC 方案组网

技术亮点

针对大带宽的业务需求，SPN 在接入层创新地引入高性价比 50GE 接口。50GE 接口采用 PAM4 编码调制技术，光器件数量仅为 100GE 接口的 1/4，是 10GE 接口之后性价比最高的下一跳。在此基础上，通过 FlexE 技术将两个 50GE 接口绑定，实现低成本的 100GE 方案；汇聚层和核心层设备平滑支持 200GE/400GE 接口，满足大带宽诉求的同时最大化保护运营商的投资。

针对低时延的业务需求，SPN 主要通过如下办法实现。

- 基于 SDN+SR 的智能管控，选择最短业务路径，缩短通信距离。光纤传输时延是刚性的（5μs/km），降低时延的唯一方法就是缩短传输距离。
- 使用大速率链路组网。一个数据包从一个物理端口发送出去，所消耗的时间与端口的传输速率成反比。
- 减少网络层次/设备跳数。通过对网络拓扑的调整（如大环改小环、环改树），可以减少 E2E 业务路径上的设备跳数，从而降低设备时延。单跳设备时延在正常情况下为 10～20μs，设备跳数减少有限，可以作为辅助手段。
- QoS 保证低时延。为低时延业务报文配置高优先级，确保在端口发生报文拥塞时，低时延业务报文能优先调度转发，尽量减少等待时间。

客户价值

大带宽和低时延业务丰富了人们的生活和娱乐方式。如图 10-3 所示，超高清视频带给人们更愉悦的观感。

图 10-3　超高清视频

10.2 移动承载 5G ToB 业务

国家"十四五"规划对信息通信产业提出了新的要求，即赋能各行各业数字化、网络化、智能化转型升级。面对千行百业多元化的网络连接，5G ToB 业务对承载网的性能提出差异化诉求。其中，企业宽带网络从办公延伸到生产是一个技术重点和难点，其在低时延、硬隔离和高安全方面的要求非常严苛。本节以智慧矿山为例，讲述如何利用 SPN 端到端构建一个 5G 虚拟/物理专用网络。

10.2.1 业务需求

智慧矿山是什么？通俗地讲，智慧矿山与传统煤矿就像智能手机与普通手机、智能汽车（无人驾驶）与传统汽车，它是将物联网、云计算、大数据、人工智能、自动控制、工业互联网、机器人化装备等与现代矿山开发技术深度融合，形成矿山全面感知、实时互联、分析决策、自主学习、动态预测、协同控制的完整智能系统，实现全过程的智能化运行。

智慧矿山应具备视频传输、远程控制、安全监控、人员定位、物联系统等功能，高速率、低时延、高可靠的 5G 技术则是实现上述功能的关键支撑。

矿山业务场景如图 10-4 所示。

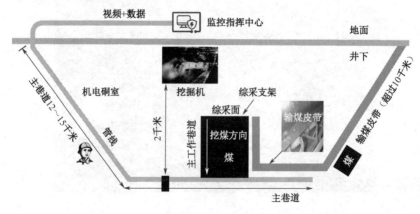

图 10-4　矿山业务场景

智慧矿山应用场景和要求如表 10-2 所示。

表 10-2　智慧矿山应用场景和要求

应用场景	场景描述	连接数据描述	UL 速率 /cell	DL 速率 /cell	时延	抖动	可靠性
井下监控、AI 智能识别	采煤工作面、掘进工作面、运输转载点、运输车场分布视频	1080P/ 摄像头，10～30 路并发	150Mbit/s	20Mbit/s	＜200ms	100ms	99.99%
井下人员（视频）通信	井下重要岗、跟班对干、安全督查人员配置实时通信装备，进行故障诊断等	即时语音 /1080P 视频，若干并发	20Mbit/s	20Mbit/s	＜200ms	100ms	99.99%
井下远程控制	采煤工作面采煤机、掘进机的远程控制	每个设备 20～30 个模拟量，每个模拟量 4B，总数据量 ≥120B	1kbit/s	1kbit/s	＜100 s	100ms	99.99%
传感器信息采集传输	综采面、皮带输送机机头等传感数据采集	每个设备 50～100 个模拟量，每个模拟量 4B，总数据量≥400B	100kbit/s	1kbit/s	＜300ms	150ms	99.99%
物联类	顶板离层、通风参数、小电气设备、井筒监控	每组 10m，每组 2～4 个，每个 4bit	800kbit/s	1kbit/s	＜500ms	150ms	99.99%
定位	人员、设备、车辆等在井下的定位	高精度（米级/亚米级）	—	—	＜100ms	100ms	99.99%

10.2.2　现网方案和优势

SPN 采用尊享通道解决方案，如图 10-5 所示，满足矿山网络高速率、低时延、高可靠的严格要求。

● 井下部署 PTN 980 设备 50GE 组接入环，50GE 链路上部署 FlexE 切片，构筑超宽基础网络。

● 矿区地面核心设备通过不同端口分别与核心网和各系统平台对接，在 MEC 机房部署矿区核心 SPN 设备，分别用不同的物理端口与 MEC、安全监测系统、远程控制系统、视频监控系统 UNI 对接。

● MEC 同机房部署一对 PTN 7900E-12 设备（矿区核心 1、矿区核心 2）作为对接 MEC 的落地设备，同时挂接地面上的接入环及井下的接入环，兼作 SPN 城域网的普通汇聚节点。

● 基站 BBU 与 PTN 990E 同机房部署，以节省机房投资。

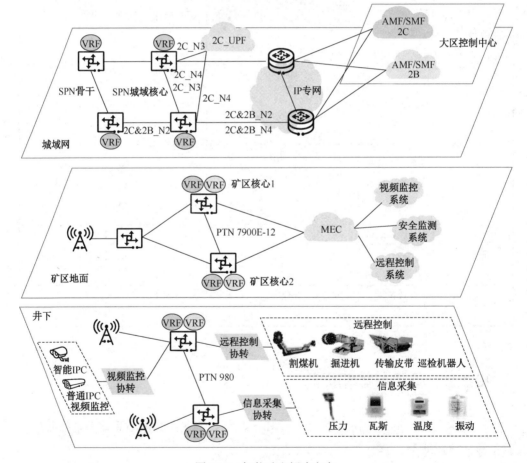

图 10-5 智能矿山解决方案

技术亮点

固移融合+智能切片

如图 10-6 所示，井下监控、AI 智能识别、井下人员（视频）通信、井下远程控制类业务无论是有线通信还是无线通信，均可通过 SPN 网络和智能切片承载。

- 通过部署切片实现有线业务和无线业务通过同一链路的不同切片承载。
- 切片之间硬隔离，保障有线接入业务和无线接入业务相互独立、互不影响。
- 视频监控、远程控制、安全监测等业务，分别通过不同的切片管道硬隔离承载。监控切片流量突发拥塞，不影响控制、采集切片内的业务。
- 网络切片带宽动态调整，不影响已承载业务。

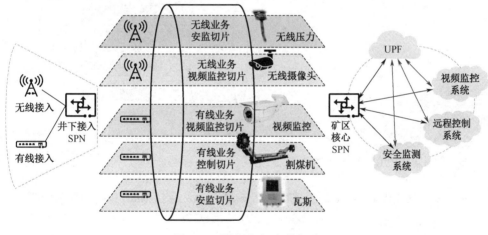

图 10-6 固移融合+智能切片

灵活连接

如图 10-7 所示，综采面、皮带输送机机头等传感数据采集，以及顶板离层、小电气设备、井筒监控等业务接口多样，均可通过汇聚转换设备部署三层网关，统一 IP 化。

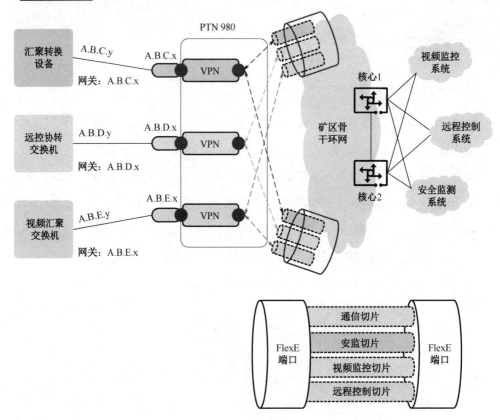

图 10-7 灵活连接

SR 优化重路由，确保业务永久在线

- NCE 为 SR-TP 隧道提供实时路径控制能力，包括 SR-TP 隧道路径计算和故障保护过程中的重路由功能。

- 同时出现多处故障时，触发控制面重路由可计算出新的逃生路径，倒换性能达到秒级，实现业务快速自愈，如图 10-8 所示。

多重保护

多重保护如图 10-9 所示。

- 井下设备双归到地面，部署分层的业务保护，提供 50ms 倒换性能。

- 管道层部署主备路径保护，应对路径故障。

● VPN 层部署 VPN FRR 保护，应对节点故障。

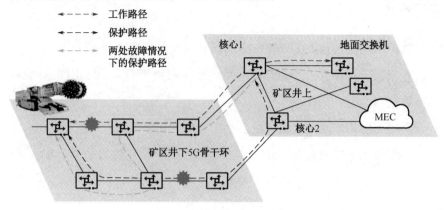

图 10-8　重路由实现业务快速自愈

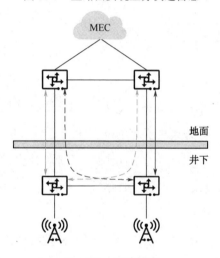

图 10-9　多重保护

安全认证

煤安认证基于国家防爆标准，通过外加防爆壳的方式，使设备满足防爆认证要求。

绿色节能

独创芯片负载动态调整技术，适配业务关停空闲资源，降低功耗；汇聚核心框式设备支持灵活配电，用多少配多少，有效缓解汇聚机房供电资源短缺问题。

客户价值

- 机器自动巡检代替人工巡检,全面提升巡检效率和准确率。
- 改善工人工作条件,避免危险环境作业;利用智能自动化工作面减少作业人员数量。
- 一个物理切片专网,收编存量多个工业环网,多网归一节省建网成本。
- 单一网络承载所有业务,统一高效运维。切片带宽按需平滑调整,网络规划设计简单。设备数量少,运维效率高。
- 降低用工成本,提升设备利用率。

10.3 政企专线业务

政企客户是指以事业单位法人证书、社会团体法人登记证书、营业执照、公章和组织机构代码等证件入网的党政事业单位、社会机构、企业和个体经营户。

2020 年 11 月,《中共中央关于制定国民经济和社会发展第十四个五年规划和二〇三五年远景目标的建议》提出:加强数字社会、数字政府建设,提升公共服务、社会治理等数字化智能化水平。

数字政府和数字社会相辅相成,我国政府积极发挥政府功能,从中央、各部委到地方都制定了相应的政策,驱动政府数字化转型,从而引领数字社会的发展。

在这一背景下,政企专线业务数量逐年递增,客户对服务质量的要求也越来越高。为品牌客户、重要客户提供差异化网络服务,能增强客户黏性,提高客户满意度。

10.3.1 业务需求

面向数字社会,政府的内涵在发生变化。首先是政府的功能在发生变化,从多部门协同、三融五跨转变成政府和社会深度融合,治理模式从相对粗放转变为精细化治理、绣花治城，数据从资源化、资产化转变成社会开放共享、创造价值、产业化。其次是随着政府功能的变化，政务 ICT 基础设施架构需要升级，要向集约化方向发展；政务平台要向智能化多业务平台发展，并结合智能运营中心、数字平台进行城市治理；数据更加集中，需要建立大数据共享中心向社会开放数据；云上的应用也要更加丰富和生态化，要提供智慧政务、智慧城市、智慧医疗、智慧教育等智能化业务，更好地服务社会，同时将海量的多样化终端设备接入政务基础设施。

那么，在未来的数字社会，怎样才能使各终端的数据快速集中上云，同时将云上的智慧应用和算力向下输送给各行业、各单位和公民呢？这就需要发挥网络的作用了。华为认为政务外网连接政务云和社会各行各业，天然是未来数字社会基础网络的最佳之选。面向数字社会，政务外网升级正当时，如图 10-10 所示，利用网络将云中的应用、数据和算力源源不断地输送给万物，使能万物智能，造福千行百业。

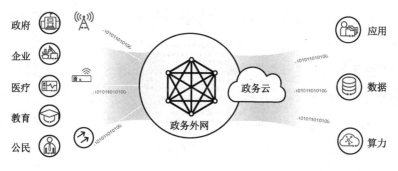

图 10-10　政务外网

数字社会向网络基础设施提出了更高的要求，政务外网向数字社会基础网络演进时，还面临诸多挑战。

1．第一是云网不协同。云建设很快，云上的应用开发也很快，网络跟不上云的速度。政务云的使用率低，政务应用推行效果差，原因是连接多个云的网络未通。传统网络的配置相对复杂，跨广域网、城域网和多部门开通一个上云的业务往往需要一周多的时间。

2．第二是网络未全面通达。这涉及两方面，一方面是横向专网整合速度还很慢，据统计，现在还有 30 多个专网重复建设，横向互通率为 5%；另一方面是纵向到乡、到村的政务外网覆盖率不足。这些导致数据难共享，全程网办率低。

3. 第三是安全防护不足。随着数字社会的发展，海量办公设备、移动终端、摄像头被接入政务外网，人力、财务、公民身份信息数据集中上政务云，安全边界被打破，安全威胁无处不在。安全防护能力表现为省市强、县乡弱，尤其是各个委办局园区，安全防护能力参差不齐，经常发生异常外联等安全事件，某些威胁（如勒索软件）极易在不同委办局间快速扩散。

4. 第四是运维效率低。传统网络运维基本靠人，属于被动运维。政务外网网络层次多、设备多，运维工作量非常大，海量告警看不懂、看不完。发生业务故障时，故障定位难，业务恢复慢。视频会商等重保业务开通慢，无法感知业务质量，保障效率低。

政务外网主要分为政务办公域和公众接入域。

- 政务办公域：硬隔离是核心诉求，刚性管道用于多部门（教育、公安、财政、建设、审计、统计、水务、民政等）互联。
- 公众接入域：弹性管道用于邮局、火车站、宾馆、街道办、信息亭等电子政务基层社会终端接入。

随着政务云的发展，越来越多的业务被放在云上，未来云上资源会越来越多，访问量也会越来越大，而且云上的业务更新非常快。

政务云互联及应用如图 10-11 所示。

目前，很多云和网在建设、运营方面都是相互分离的，这会带来很多问题，例如：

- 孤岛化，云网资源无法统一调度。
- 网络开通的速度不能匹配云上业务的发展速度，网络配置和开通需要多部门协调，开通时间长，一个上云业务的开通往往需要数周时间。
- 有时出现突发流量，网络出现拥塞，导致业务体验差。

据统计，中央部委 38 个部门共有 80 多个政务专网，政务专网横向数据交互率不到 5%，各部委形成数据孤岛。这种以部门为中心的方式，导致人民群众办理业务需要跑多个部门。例如，以前办理新生儿证件，要跑社区、街道、派出所、人社 4 个部门 6 次，提交 29 份材料，花费将近 7 天时间。

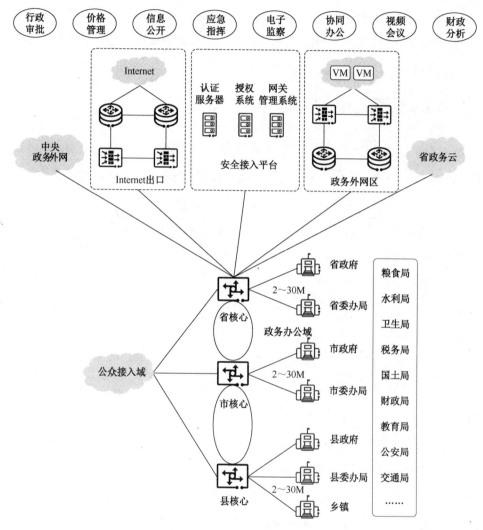

图 10-11　政务云互联及应用

在数字社会，业务集中上云、海量终端物联、连接无处不在，传统的安全边界已经被打破，例如：

● 以前都是集中在园区本地办公，现在越来越多的企业允许并推荐远程办公，与合作伙伴的数据交互也越来越频繁，打破了访问的边界。

- 以前终端设备只能通过有线形式接入网络，而现在，越来越多的终端设备如摄像头、打印机、空调通过 Wi-Fi 或 5G 技术接入网络，打破了物联的边界。
- 业务云化，数据中心也由传统数据中心向云数据中心转型，云中的资源根据业务动态调整，打破了业务的边界。

10.3.2　现网方案和优势

面对数字社会的发展要求，新一代电子政务外网需要以 IPv6+为基础，响应国家加快 IPv6 部署要求，满足未来海量物联接入对 IP 地址的需求。同时，要具备"云网一体、一网承载、一体安全、一键运维"这四大特征。

- 云网一体：网络开通匹配云的速度，为政府部门、企业单位、公民个人提供云网一体化服务。
- 一网承载：加快专网整合，加快县-乡-村网络覆盖，实现数据高效共享。
- 一体安全：省-市-县联防联控，云-网-安协同防护，端到端保护数据安全。
- 一键运维：省（市）集约化运维，建立业务质量可视、故障快速诊断的一体化运维中心。

通过 SDN 控制器，对接云控制器，实现云网协同，提供云网一体化服务。开通网络业务时，避免多部门逐段配置，通过 SR-TP 技术，只需要在首尾两段配置，中间网络自动打通，上云业务开通只需几个小时，使网的效率匹配云的效率。SR-TP 还能结合 SDN 控制器实现网络流量和时延的调优。

华为采用网络切片技术助力国家加速专网整合。如图 10-12 所示，将一个物理网络切分成多个互不影响的虚拟网络，为各部委提供专网级服务，从而加快各部门数据打通，让数据多跑路，群众少跑腿。例如，现在办理新生儿证件，人民群众只需要跑 1 个窗口 1 次，提交 9 份材料，花费 4 天时间，材料减少 60%，时间缩短40%。

首先，网络切片实现硬隔离，切片之间互不影响，重保等重要业务质量可保障；其次，可支持 1000 个切片，实现业务的精细化管理，采用专利指纹切片技术，通过指纹识别不同的切片业务；最后，相比于业界的 5G 切片粒度，华为可实现 M 级切片，精确匹配不同带宽业务诉求，避免资源浪费。

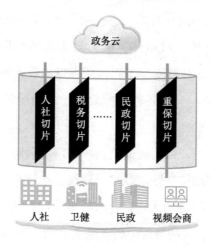

图 10-12　一网多用，数据共享

　　网络切片使政务外网在横向实现各委办局的数据打通，在纵向也要继续延伸，覆盖县-乡-村-居，将政务大厅建在村口上，同时兼顾政务移动办公、移动执法、智慧城市物联数据回传等需求。如图 10-13 所示，华为固移融合方案通过无线的 5G 网络与有线的政务外网的相互配合，打通政务服务最后 100 米，实现政务服务无处不在。

图 10-13　固移融合方案

同时，将 5G 网络切片与政务外网切片端到端打通，实现安全可靠的数据通道，满足移动执法、移动办公的安全需求。通过统一管理平台，打通政务外网控制器和 5G 编排器，实现端到端切片的快速开通，满足政务业务便捷接入要求。统一管理平台可以从政务外网控制器和 5G 编排器获取切片状态、业务状态、资产状态，实现全网业务可视化，减轻运维负担；还可以将政务外网认证与 5G 网络认证进行融合，实现统一认证，一致体验，配合安全态势全网感知，实现全网纵深防御，满足移动接入的安全要求。

在安全防御方面，首先，由传统的单点防御向全局防御转变，终端、身份、边缘接入、网络和云端协同防御、联防联控，实现安全防御无死角。其次，采用动态检测，以前采用的静态检测是一次授权、长期有效，而动态检测可以实时、动态刷新网络"安全码"。最后，采用智能分析，结合云端、本地、边缘部署启用 AI，进行全网分析，解决以前安全告警多、效率低的问题。

在安全技术方面，华为具有准、快、稳的特点。准是指通过云地学习，实现威胁模型自进化，威胁检测率高达 96%；快是指分钟级检测速度、智能图谱关联分析，实现威胁实时感知；稳是指秒级威胁处置，实现攻击溯源，威胁自愈，阻止威胁扩散。

政企客户上云专线如图 10-14 所示。

技术亮点

固移融合

如图 10-15 所示，无线业务和有线业务同由 SPN 网络承载，利于运维，企业无须购买无线和有线两条专线，统一 SPN 接入，统一付费。

支持动态和静态隧道，实现端到端转发

可视化 SLA 如图 10-16 所示。

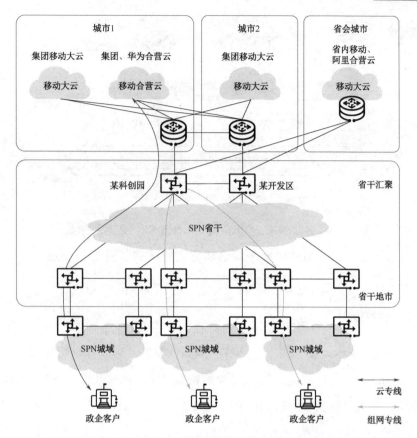

图 10-14 政企客户上云专线

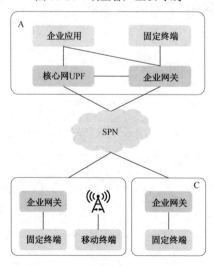

图 10-15 一网承载有线业务和无线业务

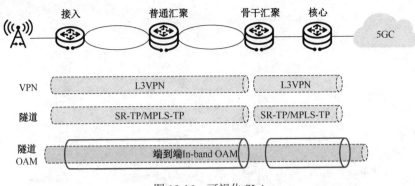

图 10-16　可视化 SLA

- 隧道类型：同时支持静态 MPLS-TP 和动态 SR-TP 两种隧道技术。
- 网络运维：NCE+iFIT 实现网络质量实时感知、业务级呈现、分钟级故障定位。

差异化切片应用

如图 10-17 所示，如果说专享切片类似高铁服务，那么尊享切片就类似专列服务，基于 G.mtn 交叉，业务转发只需要解析到 FlexE，采用 1.5 层交换和端到端 TDM 通道，实现单跳微秒级时延，整体毫秒级时延、纳秒级抖动。差异化切片应用具有以下特点。

- 企业带宽可在线调整。
- 切片带宽无损扩容。
- 切片内 VPN 隔离，QoS 带宽保障。

立体化竞争优势

如图 10-18 所示，政企专线针对不同用户提供不同专线服务。

- 同时提供高性价比专线和高品质专线，提供质优价廉和高品质增值服务。
- 高品质专线聚焦政务、金融、医疗等高价值客户，避免高端客户流失，同时通过增值服务提高收入。
- 高性价比专线聚焦中小企业、连锁门面等价格敏感客户。

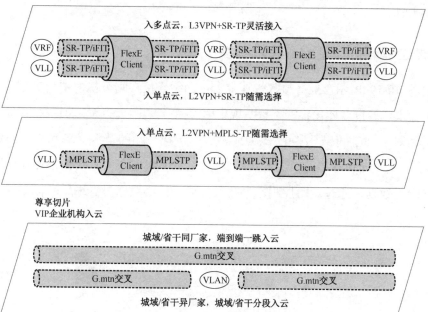

图 10-17　差异化切片应用

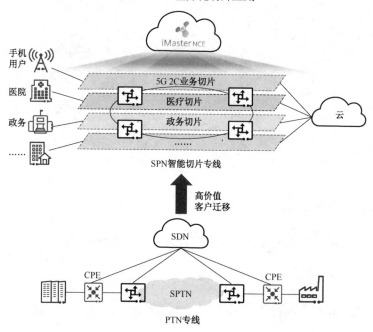

图 10-18　服务升级

185

客户价值

降低企业运维成本，提高企业信息安全

如图 10-19 所示，业务接入快速上云，网络连接实时可视，带宽实时可调。根据员工需求，通过多样化终端配置实现集中管控。其中，瘦终端功耗仅 10W，绿色环保，相对于 PC 可节省 90%电力成本。基于瘦终端的节能优势和更长的生命周期，按 5 年时间计算，可节省至少 15%固定资产成本。所有数据都保存在服务器上，终端无数据。通过策略控制，办公人员对于核心数据只有编辑和读取权限，不能随意取走。

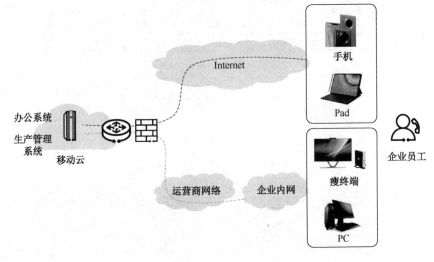

图 10-19　企业入云

切片专网，业务有保障

通过智能切片满足政企客户差异化承载诉求，业务硬隔离、高可靠。

核心业务快速开通

政企客户可以按需选择单点入云、一线入多云，获取安全、敏捷、可靠、高效的专线服务。

10.4 广电共建共享业务

"广电"即广播电视，"广电通信网络"即广电承载网，除传统电视节目的传送外，目前宽带上网、大客户 VPN 专线甚至 VoIP 业务等增值业务都已经承载在广电通信网络上。

10.4.1 业务需求

随着广电行业的发展，广电通信网络面临如下挑战和趋势。

1. 互联网数字时代对广电通信网络提出更高要求。

● VR 产业链逐渐成熟，视频一屏变多屏、标清变高清、广播变点播，要求网络适应多样化的需求。

● 高清视频的特点是瞬间加载、无花屏、无卡顿、用户体验好，所以要求网络实现大带宽、低丢包率、低时延。

● 全连接时代正在开启全新的商业模式，要求网络支持大规模、高可靠、低时延。

2. 全业务运营和多业务融合趋势明显。广电运营商的业务发展方向如表 10-3 所示。

表 10-3　广电运营商的业务发展方向

业务发展方向	具体业务
做厚视频	发展点播付费业务
	推出下一代面向 IP 的互联网应用、电视平台和机顶盒
提升带宽	扩大网络覆盖面，宽带提速
	承载网进一步 IP 化改造，升级扩容
拓宽业务	扩大企业专线用户群
	发挥固定接入优势，大力建设 LTE、Wi-Fi，提供移动运营商回传服务

3. 构建高质量综合承载网，是全业务运营趋势对网络的要求。高质量综合承载网具有以下特点。

● 多业务融合，网络灵活适应业务需求。

● 超宽带管道，对核心节点设备有更高要求。

● 高可靠性，提供电信级保护。

● 扩展易用，随网络需求同步发展。

● 简易运维，支持快速故障定位和可视。

高质量综合承载网业务要求如表 10-4 所示。

表 10-4　高质量综合承载网业务要求

业务	网络关注点	带宽要求
宽带上网	带宽保障	2～10Mbit/s
视频点播	带宽、时延、抖动、丢包率	4～50Mbit/s
企业专线	带宽保障、时延、开通效率	2～100Mbit/s
增值业务	带宽保障、三层功能	40～320Mbit/s

4．传统电视业务不断被电信运营商和 OTT（Over The Top）厂商抢占。电信与广电数字电视内容同质化竞争加剧，电信通过业务捆绑发展 IPTV。OTT 厂商加入竞争行列，以创新和体验蚕食互动点播市场。

广电获得工业和信息化部分配的 2×30MHz 频谱，推出三网融合的下一代广播电视网，大力推进全媒体、全业务、全要素的综合业务平台建设，提供综合信息系统及服务。700MHz 移动频谱资源覆盖广，是非常宝贵的资源。频谱资源分布如图 10-20 所示。

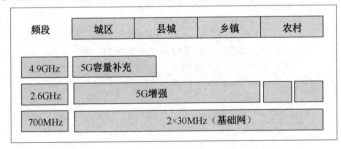

图 10-20　频谱资源分布

原有县乡传输设备不满足 IPTV/VoD 等业务扩张需求，亟须分组化改造；随着高清视频业务的普及，原有传输网传输效率低下，出现带宽瓶颈，亟须改造扩建。

截至目前，移动 2.6GHz 频段已经基本形成城市和县城的连续覆盖（室外），移动三期 2.6GHz 频段大概率还会进入乡镇，乡镇以上将形成连续覆盖能力。众所周知，频率越高，能使用的频谱资源越丰富。频谱资源越丰富，能实现的传输速率就越高。但是，频率越高，在传输介质中的衰减也越大。移动通信如果采用高频段，就要面临传输距离大幅缩短，覆盖能力大幅减弱。覆盖同一个区域，需要的 5G 基站就会大大增多。对于农村、乡镇偏远地区，投入产出比不高。这时候，700MHz 频段的优势就凸显出来了，它可以用数量较少的基站覆盖更广的区域。如图 10-21 所示，700MHz 频段主要用于实现城市深度覆盖和农村广覆盖，增强上行能力。

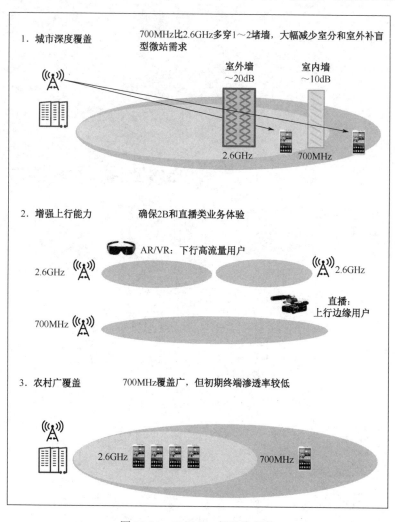

图 10-21　700MHz 频段的优势

10.4.2 现网方案和优势

广电 SPN 解决方案如图 10-22 所示,该方案可以协助广电客户构筑低成本、高质量、高效运维、易扩展的智能承载网。

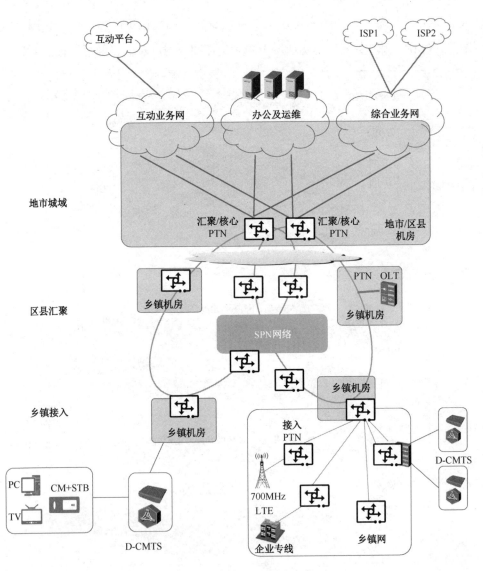

图 10-22 广电 SPN 解决方案

超宽带：

● 提供业界领先的 T 级别设备，支持 100GE 大端口，提升带宽利用率，降低光纤消耗，提供 80km 超长传输距离，保证高清体验。

● 标准化灵活 FlexE 技术，支持扩展大端口。

综合承载：

● 采用 PWE3 技术，HSI 高速上网、互动业务、LTE 业务、大企业专线业务、视频点播等业务采用同一平面承载，PW 业务隔离，带宽资源可灵活调整。

● 利用全分组架构、统计复用功能，实现传统的 TDM 业务和高速以太网业务的统一接入承载，提升网络承载效率。

分组硬管道：构建统一承载网，支持分组硬管道独享带宽，低时延、无拥塞，保证高价值业务高质量转发。

电信级保护：

● 快速故障定位：硬件 ASIC 实现 OAM、3.3ms 快速检测。

● 高精度误码倒换：误码检测精度高于 10^{-6}，可有效应对链路质量劣化。

● 丰富的网络保护：提供低于 50ms 的保护倒换，可对抗链路或节点故障。

业务级可视可管：

● 提供业务级 SLA 监控手段。

● 提供可视化统一网管功能，实现差异化保障、实时性能监控、故障快速定位。

● 提供类 SDH 运维体验。

技术亮点

OAM：

● 提供业界领先的电信级环网保护。

- 遵循端到端 OAM 理念，支持 IEEE 和 ITU 定义的多种 OAM。

- 基于硬件的 OAM 和 APS，实现 3.3ms 快速检测。

- 提供低于 50ms 的保护倒换，可对抗链路或节点故障。

HQoS：

- 提供端到端 QoS，保证分组业务高质量传送。

- 支持 5 级 HQoS，根据不同业务提供差异化服务。

SDN：

- 基于 SDN 架构，提供智能、敏捷、按需网络。

- 开放 API，加速业务创新。

- 支持业务快速开通，从线下到线上，从人工到自动。

- 基于策略的智能调优，实现业务灵活选路。

客户价值

新建 SPN 支持与 SDH/MSTP 的业务互通，包括 STM-1、E1、FE 等端口，无缝对接原有网络，实现全业务通过 SPTN 智能承载网进行融合。

SPN 大带宽解决方案提供县乡层级 10GE 接入能力，满足广电后续业务持续发展及新业务拓展需求。

SPN 链路级保护、环网保护及误码倒换全方位立体保护方案确保业务 24 小时在线。

现有方案演进如图 10-23 所示。

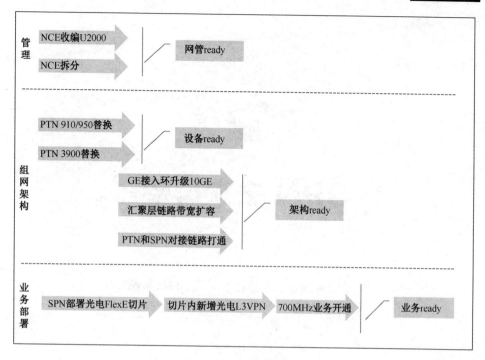

图 10-23　现有方案演进

第11章

SPN 未来展望

本章主要介绍 SPN 未来发展，以及中国移动的 SPN 战略规划。

11.1　网络技术的发展

11.2　SPN 未来发展

11.3　中国移动的 SPN 战略规划

11.1　网络技术的发展

从第一代模拟通信系统（1G）到万物互联的第五代移动通信系统（5G），移动通信在深刻改变人们的生活方式的同时，更成为社会经济数字化和信息化水平加速提升的新引擎。当前 5G 已经步入商用部署的快车道，它将开启一个万物互联的新时代，渗透到工业、交通、农业等各个行业，成为各行各业创新发展的使能者。全球已经部署超过 160 个 5G 网络，5G 终端连接数近 3 亿个，5G 行业数字化项目达到 5000 多个。

在 2020 年全球移动宽带论坛上，华为常务董事、产品投资评审委员会主任汪涛发表了题为"定义 5.5G，构建美好智能世界"的主题演讲。汪涛表示，5G 将是 2030 年前最主要的移动通信技术，并将持续服务到 2040 年。但过去 30 年，2G/3G/

4G 的发展历程证明，每一代移动通信技术，必须经历不断的演进和增强，才能迸发出更强大的生命力，实现产业的可持续发展。面向 2030 年，5G 要进一步帮助人们从物理世界的交互走向虚拟世界的交互，不断拓展人类连接的范畴和体验边界，才能满足人类对"天涯若比邻"和"身临其境"等体验的要求。当前 5G VR/AR 实现了人类与虚拟世界的基本交互，未来还需要为用户打造更为舒适的体验感受，对蜂窝通信的要求将更高，平均接入速率将从当前 4K 的 120Mbit/s 提升到未来 16K 的 2Gbit/s，交互时延要进一步降低，从目前 20ms 左右的时延进一步缩短到 5ms 左右，这些都对 5G 提出了进一步的演进需求。5G 需要持续演进，满足更多样化、更复杂的全场景物联需求。基于对无线通信产业长期的实践和展望，华为提出 5.5G 愿景，以牵引 5G 产业发展和演进，增强 5G 生命力，为社会发展和行业升级创造新价值。

5.5G 是产业愿景，也是对 5G 场景的增强和扩展。增强针对的是 ITU 定义的三大标准场景，即 eMBB、mMTC 和 uRLLC。引入 REDCAP 增加终端类型，满足 mMTC 场景下，宽带物联对多样化终端的需求；增加基于可靠性的时延，使 uRLLC 场景满足智能制造对连接的需求，如远程运动控制的要求。

面对日益增长的新应用诉求，5G 三大标准场景已经无法支撑更多样化的物联场景需求。以工业物联应用为例，其既需要海量连接，又需要上行大带宽，因此在 eMBB 和 mMTC 之间增加一个场景，命名为 UCBC，聚焦上行能力的构建。有的应用既需要超宽带，也需要低时延和高可靠性，因此在 eMBB 和 uRLLC 之间增加一个场景，命名为 RTBC，聚焦宽带实时交互的能力构建。还有一类应用是泛能力集，如车联网中的车路协同，既需要通信能力，又需要感知能力，因此新增 HCS 场景，聚焦通信和感知融合的能力构建。增强"三老"场景，扩展"三新"场景，从 5G 场景三角形变成 5.5G 场景六边形，从支撑万物互联到使能万物智联，这就是 5.5G 愿景的核心内容，如图 11-1 所示。

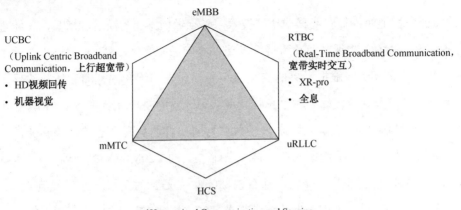

图 11-1　5.5G 愿景：从万物互联走向万物智联

11.2　SPN 未来发展

万物互联等应用场景要求承载网具备更高的吞吐能力和更高效的传输策略，对承载层提出了带宽预留保障、时延触发的传输控制、海量连接管控、网络状态感知和分布式智能网络等新要求。5G 的到来对承载网提出了新诉求：带宽更大、时延更低、连接数更大、连接更灵活、切片能力更强。作为 5G 时代的产物，SPN 技术也在向智能超宽、确定性时延、智简网络、智能连接、智能运维和智能安全等方向持续演进。

在 5G 和云时代，SPN 聚焦构建高效、智简、超宽承载网，支撑面向全云化新业务承载和面向敏捷新网络运营。

- **新架构**：采用全新的网络和技术架构，提供低成本的极简承载网。承载网带宽提升 100 倍，单 bit 成本降低到原来的 1/100～1/10。

- **新业务**：采用聚焦承载网新业务支持，提供全云化业务承载能力。时延降低到原来的 1/100～1/10，业务连接数提升 100 倍。

● **新运营**：采用全新运维和运营模式，提供敏捷业务部署和运营能力。OPEX 降低到原来的 1/10。

从技术优势来看，SPN 创新架构具备硬隔离切片、低时延、速率体系合理且性价比高、高精度同步的独特优势。

从标准进展来看，SPN 在 ITU-T 形成系列标准立项。SPN/MTN 是公认的由中国原创提出的技术体系和标准，中国公司专家担任 5 项标准 Editor，主导 SPN/MTN 标准制定。在多方共同努力下，目前已完成 MTN 的三大核心标准制定和发布。

随着 5G 网络部署的持续推进，5G 与垂直行业的融合创新不断涌现。比较有代表性的应用场景包括智能电网、智慧铁路、智慧港口、智慧医疗等。

智能电网

电力通信网是支撑智能电网发展的重要基础设施，保证了各类电力业务的安全性、实时性、准确性和可靠性。对应发电、输电、变电的电力通信网称为骨干通信网，在我国已实现光纤专网的全面覆盖；对应配电及用电的电力通信网称为终端接入网，具有点多面广、全程全域全覆盖的特征。传统光纤专网建设成本高，业务开通时间长，在桥梁、高架等特殊地形场景下有较大局限性，无法满足广域的泛在接入需求，这就导致了目前仍存在相当大的覆盖盲区；同时，变电站机器人巡检、输配电线路无人机巡检等移动性场景也对无线通信提出了刚需，因此智能配电、用电网亟须与 5G 技术结合，实现泛在、灵活、经济、可靠的连接。智能电网典型业务架构如图 11-2 所示。其中包括生产控制类Ⅰ、Ⅱ区和管理信息类Ⅲ、Ⅳ区，Ⅰ、Ⅱ区和Ⅲ、Ⅳ区业务必须完全隔离。

生产控制类Ⅰ区业务主要实现精准负荷控制、故障点准确快速定位及故障预测，提供及时恢复供电等能力，以保证供电高可靠性。其主要业务带宽需求低于 10Mbit/s，最严格的时延要求为不大于 15ms，可靠性均要求达到 99.999%，且有物理隔离和高安全性需求，属于典型的小带宽、硬隔离、确定性低时延、高可靠性、高安全性业务。

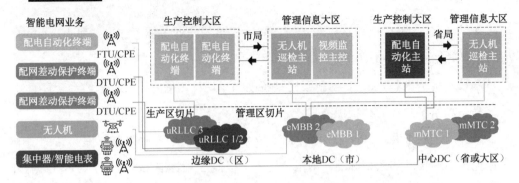

图 11-2　智能电网典型业务架构

智慧铁路

目前采用 GSM-R 系统支撑高速铁路、重载铁路、高原铁路的调度指挥、列控、重载列车同步操控等业务。近年来，随着通信技术的快速演进和升级换代，5G-R 将替代 GSM-R 成为下一代铁路专用无线通信技术。智慧铁路典型业务如图 11-3 所示，铁路专用无线通信技术主要为列车提供调度通信和运行控制等行车安全业务的无线承载，为铁路移动应用提供可靠的高速车地无线通信服务。铁路无线通信业务一般分为无线调度语音业务、无线数据业务、无线视频业务三类。

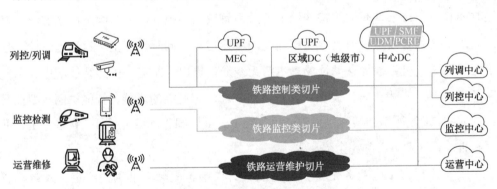

图 11-3　智慧铁路典型业务

无线调度语音业务和无线数据业务均属于列控/列调类业务，主要实现调度员、司机、行车保障人员、行车指挥人员之间的基本通话、群组通话、优先级通话，承载行车类安全应用业务等，涉及行车安全，对通信的可靠性和安全性有很高要求，是铁路专用无线通信的核心业务。该类业务带宽需求较小（不大于 20Mbit/s），端到端单向时延要求较低（小于 100ms），可靠性和安全性要求高，是典型的小带宽、确定性低时延、高可靠性、高安全性业务。

智慧港口

随着全球化进程的深入推进，国内外港口的业务量激增。与此同时，劳动力成本攀升、劳动强度大、工作环境恶劣、人力短缺等也已成为全球港口共同面临的难题，如何降本增效成为了全球港口需要共同思考的问题。越来越多的集装箱港口决定采用以 5G 为基础的更高水平的自动化、智能化技术来提高港口资源运转效率，确保竞争优势。

如图 11-4 所示，吊车远程控制和集卡远程驾驶是智慧港口场景中的两个典型业务。

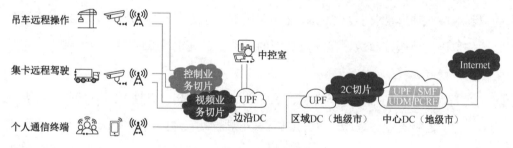

图 11-4　智慧港口典型业务

吊车远程控制主要涉及吊车精准移动、抓举集装箱等操作，集卡远程驾驶主要实现排障等功能。这类业务对带宽和时延要求较低，带宽均小于 100kbit/s，端到端单向时延要求小于 18ms，但对可靠性和安全性都要求很高，以避免出现安全事故，是典型的小带宽、确定性低时延、高可靠性、高安全性业务。

智慧医疗

智慧医疗是智慧城市战略规划中一项重要的民生领域应用，其建设应用是大势所趋。智慧医疗业务场景如图 11-5 所示。

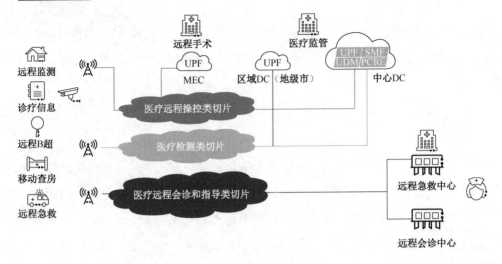

图 11-5　智慧医疗业务场景

　　其中，医疗远程操控类业务主要涉及远程超声、远程内镜、远程急救、远程手术等，对实时性和安全性要求高。这类业务带宽需求一般不大于 20Mbit/s，最严格的端到端单向时延要求小于 20ms，且对可靠性和安全性要求较高，以此来保证不会因通信原因出现医疗事故，呈现出典型的小带宽、确定性低时延、高可靠性、高安全性业务特点。

　　以上典型应用场景具有小带宽、确定性低时延、高可靠性、高安全性等特点。其中，行业控制类业务呈现出 10Mbit/s 级小颗粒硬管道隔离和确定性低时延的承载需求，而对于实时性、可靠性要求不高的业务，可采用软隔离的方式共享网络资源，提高系统利用率。承载网须同时具备硬管道和软管道功能，根据不同业务对可靠性、安全、时延等的不同需求，提供软隔离或硬隔离。

　　SPN 小颗粒（Fine Granularity Unit，FGU）技术聚焦构建端到端高效、无损、柔性带宽、灵活可靠的通道和承载方式，将硬切片的颗粒度从 5Gbit/s 细化为 10Mbit/s，以满足 5G 垂直行业应用和专线业务等场景中小带宽、高隔离性、高安全性等差异化业务承载需求。

　　SPN 小颗粒技术不改变现有以太网标准协议栈，重用以太网物理层协议栈，兼容 L2 及 L2 以上的分组技术，复用以太网光模块，利用广泛的以太网产业链，如

图 11-6 所示。

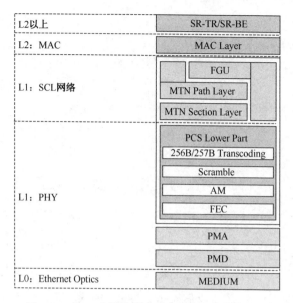

图 11-6   SPN 小颗粒技术兼容现有以太网协议栈

FGU 位于以太网物理编码子层（Physical Coding Sublayer，PCS）之中，采用符合以太网底层协议栈要求的 64B/66B 编码块，实现以太网 PCS 底层、PMA（Physical Media Aattachment，物理媒介附加）和 PMD（Physical Media Dependent，物理媒介相关）对 FGU 不感知，保障 FGU 与以太网物理层协议栈无缝兼容。同时，FGU 继承 SPN 硬切片不感知、不识别业务报文数据的特点，不对用户报文数据做任何改动，支持分组报文在小颗粒硬切片中透传，从而实现对分组技术的兼容。

5G 2B 垂直行业控制类业务呈现出小颗粒硬管道隔离的高安全承载需求特点，要求网络保障低时延与高可靠性，SPN 小颗粒技术将成为助力 5G 垂直行业应用部署的关键力量。

以智能电网为例，按照电网的分区隔离要求，可通过 FGU 技术实现电网Ⅰ、Ⅱ区和Ⅲ、Ⅳ区业务之间的硬隔离，同时在Ⅰ和Ⅱ区之间、Ⅲ和Ⅳ区之间分别采用 VPN 技术实现逻辑隔离，如图 11-7 所示。

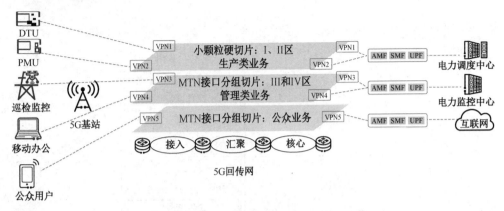

图 11-7　FGU 应用于智能电网场景的组网

　　电力 Ⅰ 和 Ⅱ 区的差动保护和电力调度自动化类业务通过 FG-Channel 保证硬隔离，确保 5G 继电保护设备到 5GC-U（电力专用）之间的高安全性及低时延、低抖动等传输性能。电力 Ⅲ 和 Ⅳ 区的电力视频、采集等业务是电网的重要信息管理类业务，不同的视频、采集业务流可以通过 VPN 方式实现逻辑隔离，不同的 VPN 业务间可以通过预先设置的业务优先级实现 QoS 调度，以保证高优先级业务的传输性能。

政企专线

　　政企专线业务的带宽需求集中于 1Gbit/s 以下，1Gbit/s 以上带宽需求较少。

　　按照国家的统一部署，政务网在带宽提速的同时，也将进行集中化和云化的融合演进，如图 11-8 所示，原来的税务专网、社保专网、审计专网等多个独立网络未来将融合为一个物理网络。政务云之间、云与业务接入点之间需要提供带宽灵活、低时延、高可靠、物理隔离的传输通道。

　　大企业专线客户主要指大型国有企业、跨国企业及大型互联网企业等。大企业专线客户的业务种类较多，部分业务对安全性要求很高，需要高品质专线承载，以满足其严格物理隔离的需求。大企业的业务主要分为云业务、语音/视频类业务、办公类业务、生产类业务等。其中，生产类业务是企业的核心业务，对网络承载的安全性、隔离性要求较高，带宽一般从 2Mbit/s 到 100Mbit/s。如图 11-9 所示，随着企业大量应用上云，企业涉及生产方面的上云应用也快速增长，其对业务的隔离性、时延、可靠性等同样有较高的要求。

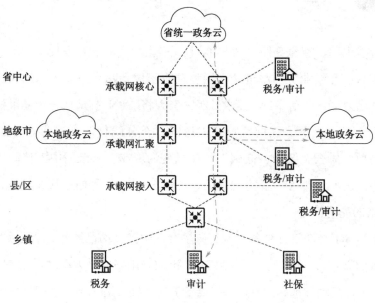

图 11-8　政务网典型业务

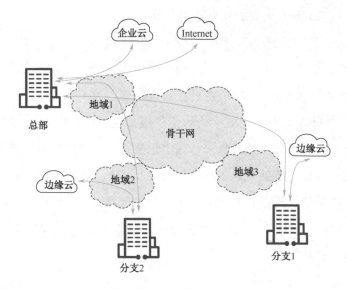

图 11-9　大企业专线业务

11.3　中国移动的 SPN 战略规划

随着智能电网、智慧铁路、智慧港口、智慧医疗等 5G 垂直行业的发展，以及政企专线和入云专线业务的演进，中国移动将密切跟踪客户需求，加大技术创新、演进及标准化力度，推动 SPN 技术升级，努力将 SPN 打造成一个精准满足客户需求、高效融合各类业务、面向客户智能运维、充分践行低碳运营的 5G 精品承载网，将"高效、融合、智能、低碳"的愿景变为现实。未来，中国移动还将无限贴近客户需求，逐步引入 AI、算力等能力，推动 SPN 技术不断迭代、演进、升级，确保 SPN 网络的先进性。

为了推动 5G 与经济社会各领域充分融合，中国移动已经开始全面实施"5G+"计划，包括 5G+4G 协同发展、5G+AICDE 和 5G+生态，最大程度释放 5G 对各领域的放大、叠加、倍增效能。"5G+"将以 5G 为基础，衍生出一系列创新解决方案，覆盖人们生活、生产和社会治理多个方面，打造新体验、新动能和新模式，助力综合国力提升、经济高质量发展和社会转型升级。

按照移动通信产业"使用一代、建设一代、研发一代"的发展节奏，业界预期 2030 年左右将实现 6G 商用。其中，2018—2024 年将开展愿景需求制定、关键技术研究及概念验证，2025—2030 年将进行标准制定、产业化和初步商用。到 2030 年，将基于物理世界生成一个数字化的孪生虚拟世界，物理世界的人和人、人和物、物和物之间可通过数字化世界来传递信息与智能。孪生虚拟世界是对物理世界的模拟和预测，它将精确地反映物理世界的真实状态，并对物理世界进行预测，避免其偏离正常的轨道，进而帮助人类进一步解放自我，提升生命和生活的质量，提高整个社会的生产和治理效率。6G 将促使世界走向"数字孪生、智慧泛在"，实现"6G 重塑世界"的宏伟目标。

附录 A

参考文献

[1] 切片分组网（SPN）总体技术要求

[2] 中国移动 2030 愿景与需求白皮书

[3] SPN 2.0 技术发展白皮书

[4] SPN 小颗粒技术白皮书

附录 B

缩略语

缩写	英文全称	中文名称
3G	Third Generation/3rd Generation	第三代移动通信技术
3GPP	3rd Generation Partnership Project	第三代合作伙伴计划
4G	Fourth Generation/4th Generation	第四代移动通信技术
5G	Fifth Generation/5th Generation	第五代移动通信技术
API	Application Programming Interface	应用编程接口
APN6	Application-aware IPv6 Networking	应用感知的 IPv6 网络
App	Application	应用
AR	Augmented Reality	增强现实
ARP	Address Resolution Protocol	地址解析协议
ARPANET	Advanced Research Projects Agency Network	阿帕网
BBU	Baseband Unit	基带单元
BD	Bridge Domain	桥域
BE	Best Effort	尽力而为
BFD	Bidirectional Forwarding Detection	双向转发检测
BGP	Border Gateway Protocol	边界网关协议
BGP-LS	Border Gateway Protocol - Link State	BGP 链路状态协议
CAPEX	Capital Expenditure	资本支出
CC	Continuity Check	连续性检测
CCN	Content-Centric Network	以内容为中心的网络
CDC	Central Data Center	核心数据中心
CDMA	Code Division Multiple Access	码分多址接入

续表

缩写	英文全称	中文名称
CE	Customer Edge	用户网络边缘设备
CPE	Customer Premises Equipment	客户终端设备
CP	Control Plane	控制平面
CPU	Central Processing Unit	中央处理器
CR	Core Router	核心路由器
CRAN	Cloud RAN	云无线接入网
DB	Database	数据库
DC	Data Center	数据中心
DCN	Datacenter Network	数据中心网络
DHCP	Dynamic Host Configuration Protocol	动态主机配置协议
DNS	Domain Name System	域名系统
DSCP	Differentiated Services Code Point	差分服务代码点
ECMP	Equal-Cost Multiple Path	等值负载分担
EDC	Edge Data Center	边缘数据中心
eMBB	enhanced Mobile Broadband	增强移动宽带
E-Tree	Ethernet Tree	以太网树型
FGU	Fine Granularity Unit	小颗粒
ICT	Information and Communication Technology	信息通信技术
IDN	Intent-Driven Network	意图驱动的网络
IEEE	Institute of Electrical and Electronics Engineers	电气和电子工程师协会
IESG	Internet Engineering Steering Group	因特网工程指导小组
IETF	Internet Engineering Task Force	因特网工程任务组
IOAM	In-band OAM	随流带内检测
IGMP	Internet Group Management Protocol	因特网组管理协议
IGP	Interior Gateway Protocol	内部网关协议
IGW	Internet Gateway	互联网网关
IKE	Internet Key Exchange	互联网秘钥交换
IoT	Internet of Things	物联网
IoV	Internet of Vehicle	车联网
In-situ OAM	In-situ Operation, Administration and Maintenance	随流操作、管理和维护
IP	Internet Protocol	互联网协议
IP FPM	IP Flow Performance Measurement	IP 流性能监控

缩写	英文全称	中文名称
IPv4	Internet Protocol version 4	第 4 版互联网协议
IPv6	Internet Protocol version 6	第 6 版互联网协议
IRB	Integrated Routing and Bridging	集成路由和桥接
IS-IS	Intermediate System to Intermediate System	中间系统到中间系统
ISP	Internet Service Provider	因特网服务提供者
IT	Information Technology	信息技术
ITU-T	International Telecommunication Union-Telecommunication Standardization Sector	国际电信联盟电信标准化部门
L2VPN	Layer 2 Virtual Private Network	二层虚拟专用网
L3VPN	Layer 3 Virtual Private Network	三层虚拟专用网
LFIB	Label Forwarding Information Base	标签转发表
LSP	Label Switched Path	标签交换路径
LTE	Long Term Evolution	长期演进（技术）
MAC	Media Access Control	媒体访问控制
MGRE	Multipoint Generic Routing Encapsulation	多点通用路由封装协议
MLD	Multicast Listener Discovery	组播侦听者发现协议
mLDP	Multipoint extensions for Label Distribution Protocol	标签分发协议多点扩展
mMTC	massive Machine Type Communication	大规模机器通信
MPLS	Multiprotocol Label Switching	多协议标签交换
MPLS-TP	Multi-Protocol Label Switching Transport Profile	多协议标记交换传送子集
MTN	Metro Transport Network	城域传输网络，面向切片的以太网技术
MTU	Maximum Transmission Unit	最大传输单元
NE IP	Network Element IP	网元 IP
NFV	Network Functions Virtualization	网络功能虚拟化
NG MVPN	Next Generation MVPN	下一代 MVPN
NNI	Network-Network Interface	网络-网络接口
OAM	Operation, Administration and Maintenance	操作、管理、维护
ONUG	Open Network User Group	开放网络用户组织
OPEX	Operating Expense	运营支出
OSI	Open System Interconnection	开放系统互联
OSPF	Open Shortest Path First	开放式最短路径优先

续表

缩写	英文全称	中文名称
OSPFv3	Open Shortest Path First version 3	开放式最短路径优先第 3 版
OWAMP	One-Way Active Measurement Protocol	单向主动测量协议
P	Provider	提供商设备
P2P	Peer to Peer	点到点
PAM4	Four-level Pulse Amplitude Modulation	4 级脉冲幅度调制
PCC	Path Computation Client	路径计算客户端
PCE	Path Computation Element	路径计算单元
PCEP	Path Computation Element Protocol	路径计算单元通信协议
PC	Personal Computer	个人计算机
PDH	Plesiochronous Digital Hierarchy	准同步数字体系
PE	Provider Edge	运营商边缘设备
PIM	Protocol Independent Multicast	协议无关组播
PLR	Point of Local Repair	本地修复节点
PM	Performance Measurement	性能测量
PMSI	Provider Multicast Service Interface	运营商组播服务接口
PMTU	Path Maximum Transmission Unit	路径最大传输单元
POF	Protocol Oblivious Forwarding	协议无关转发
PSP	Penultimate Segment Pop of the SRH	倒数第二段弹出 SRH
PTN	Packet Transport Network	分组传送网
PTP	Precision Time Protocol	精确时间协议
PW	Pseudo Wire	伪线
QFI	QoS Flow Identifier	QoS 流标识
QoS	Quality of Service	服务质量
RAN	Radio Access Network	无线接入网
RPT	Rendezvous Point Tree	汇聚点树
RRU	Remote Radio Unit	射频拉远单元
RS	Router Solicitation	路由器请求
RSG	Radio Network Controller Site Gateway	基站控制器侧网关
RSVP	Resource Reservation Protocol	资源预留协议
RT	Route Target	路由目标
RTT	Round-Trip Time	往返时延
SA	StandAlone	独立组网

续表

缩写	英文全称	中文名称
SCL	Slicing Channel Layer	切片通道层
SDH	Synchronous Digital Hierarchy	同步数字体系
SDN	Software-Defined Networking	软件定义网络
SLA	Service Level Agreement	服务等级协定
SP	Service Provider	服务提供商
SPL	Slicing Packet Layer	切片分组层
SR-MPLS	Segment Routing over MPLS	基于 MPLS 的段路由
SPN	Slicing Packet Network	切片分组网
SR	Segment Routing	段路由
SR-BE	Segment Routing Best Effort	段路由尽力而为
SR-TP	Segment Routing Transport Profile	段路由传输模板
SSM	Synchronization Status Message	同步状态消息
STL	Slicing Transport Layer	切片传送层
TCO	Total Cost of Operation	总运营成本
TCP	Transmission Control Protocol	传输控制协议
TDM	Time Division Multiplexing	时分复用
TE	Traffic Engineering	流量工程
TTL	Time to Live	生存时间
TLV	Type Length Value	类型长度值
TP	Transport Profile	传输规范
TWAMP	Two-Way Active Measurement Protocol	双向主动测量协议
UDP	User Datagram Protocol	用户数据报协议
UP	User Plane	用户平面
uRLLC	ultra-Reliable Low-Latency Communication	超高可靠性低时延通信
USD	Ultimate Segment Decapsulation	倒数第一段解封装
USP	Ultimate Segment Pop of the SRH	倒数第一段弹出 SRH
UNI	User Network Interface	用户网络接口
VAS	Value-added Service	增值服务
VC	Virtual Circuit	虚电路
VCI	Virtual Channel Identifier	虚拟信道标识符
vEPC	virtualized Evolved Packet Core	虚拟演进型分组核心网
VLAN	Virtual Local Area Network	虚拟局域网

缩写	英文全称	中文名称
VNF	Virtualized Network Function	虚拟网络功能
VoIP	Voice over IP	基于 IP 的语音传输
VPN	Virtual Private Network	虚拟专用网
VPN+	Enhanced VPN	增强型虚拟专用网
VPWS	Virtual Private Wire Service	虚拟专用线路业务
VR	Virtual Reality	虚拟现实
WDM	Wave Division Multiplexing	波分复用

反侵权盗版声明

电子工业出版社依法对本作品享有专有出版权。任何未经权利人书面许可，复制、销售或通过信息网络传播本作品的行为；歪曲、篡改、剽窃本作品的行为，均违反《中华人民共和国著作权法》，其行为人应承担相应的民事责任和行政责任，构成犯罪的，将被依法追究刑事责任。

为了维护市场秩序，保护权利人的合法权益，我社将依法查处和打击侵权盗版的单位和个人。欢迎社会各界人士积极举报侵权盗版行为，本社将奖励举报有功人员，并保证举报人的信息不被泄露。

举报电话：（010）88254396；（010）88258888

传　　真：（010）88254397

E-mail:　　dbqq@phei.com.cn

通信地址：北京市万寿路 173 信箱

　　　　　电子工业出版社总编办公室

邮　　编：100036